JN484764

한국의 탐구 8

조선시대 건축의 이해

김 동 욱

서울대학교출판문화원

머리글

조선시대 건축은 지금 우리에게 특별한 의미를 지니고 있다. 기원 전으로 거슬러 올라가는 긴 건축의 역사 속에서 조선시대는 한민족이 세계 다른 민족과 구분되는 고유한 건축을 만들어 낸 가장 돋보이는 시기이다. 삼국시대나 고려시대에 받았던 중국의 문화 영향에서 벗어나 조선시대에는 민족 고유한 심미관과 토착 기술을 응집하여 아시아는 물론 세계에 없는 고유한 건축 세계를 펼쳐 나갔다. 서양 문물의 유입 속에서 제 모습을 찾지 못하고 있는 우리 주변의 건축 현실을 돌아볼 때, 조선시대에 달성한 고유한 건축의 본질을 이해하는 일은 건축 전문가들의 범주를 벗어나 널리 일반인 모두에게 필요한 일이라고 생각된다.

한 시대 건축의 특성이 결정되는 데에는 누가 사회 중심 세력이 되며, 무엇이 이들의 정신 세계를 지배하고, 집을 짓는 기술적인 수준과 물질적인 조건은 어떻게 마련되는가가 중요하게 작용한다.

조선시대는 양반이 사회를 주도했고 유교가 이들의 정신을 지배했다. 특히 성리학이 절대적인 가치를 지녔다. 퇴계와 율곡으로 대표되는 조선의 성리학은 중국과 구별되는 조선 고유한 학문 세계를 열었다고 한다. 여기에 조선 고유한 건축의 길이 열릴 수 있는 바탕이 하나 마련되었다. 조선시대 목수나 석공들은 열악한 여건에 처해 있었지만 자신들의 기술 향상에 게으르지 않았다. 집 지을 재목은 나날이 고갈되고 있었지만 이런 어려운 여건을 오히려 창의적으로 극복해서 독특한 건축미를 만들어 내는 데 성공하였다.

이 책은 조선시대 건축이 갖는 민족 고유한 특성은 어떤 것인지를 폭넓게 이해하려는 것을 목적으로 서술되었다. 우선, 집이 지어지는 배경과 구조의 특징을 간단히 요약하고, 도시와 성곽, 제사 시설, 궁궐, 선비들의 정자와 서원, 불교 사찰 그리고 주택에 대한 특징을 살펴보는 것을 주 내용으로 삼았다. 이 책에서는 개별 건물의 특징을 하나하나 소개하는 것보다는 각 건물들이 모여서 이루어지는 공통된 특성이나 그 속에 담겨 있는 일관된 흐름을 찾아보는 것을 일차적인 목표로 삼았다.

한국 건축의 연구는 아직도 초보적인 단계에 머물고 있고 연구자의 수도 극히 한정되어 있다. 따라서 이 책이 목표로 삼는 내용이 만족할 만큼 서술되지 못할 것은 너무나 당연하다. 무엇보다 내 학문 수준이 일천하여 도저히 본래 목적이 달성될 싹조차 잘 보이지 않는다. 그럼에도 용기를 내어 책을 쓴 것은 조선시대 건축의 고유한 본질을 탐구하는 것이 지금 우리에게는 너무나 절박하고 중요한 과제라고 생각되었기 때문이다.

책을 쓰면서 어려운 여건 속에서 훌륭한 업적을 낸 많은 선학들의 연구 성과에 크게 의존했다. 일일이 주를 달아 밝히지 못하고 참고문헌에 제한적으로 소개하게 된 것을 미안하게 여기며, 「한국의 탐구」라는 야심찬 기획을 하여 이런 책이 나올 수 있도록 배려해 준 서울대학교출판부에 깊은 감사의 뜻을 표하고 아울러 편집 과정의 수고를 아끼지 않으신 여러 분들께도 감사의 말씀을 전하고자 한다.

1999년 9월

김동욱 적음

차　　례

1

건물 조성 배경과 구조의 특징

1. 사회 지배세력의 변화와 건축

건축은 흔히 사회의 거울이라고 말한다. 한 시대의 건축을 보면, 그 사회를 거울을 들여다보듯이 알 수 있다는 이야기다. 반대로, 그 사회를 관찰하면 건축을 이해할 수 있다고도 볼 수 있다. 건축을 이해하기 위해서는 사회 모습을 살펴보는 것이 필요하다는 말이다. 조선왕조 5백 년은 정체되어 있지 않고 크게 움직여 왔다. 움직임의 원동력 가운데는 사회를 지배해 나가는 세력이 달라진 점이 큰 부분을 차지했고 그 바탕에는 경제적인 여건 변화가 작용했다고 생각된다. 이런 사회 변화에 따라 건축의 유형도 달라졌음은 물론이다.

조선시대의 긴 역사는 사회적으로 몇 차례의 변화를 겪었다. 사회적 지배세력의 변천과정을 기준으로 한국사의 시대 구분을 시도한 이기백의 『한국사신론』에서는 조선시대를 양반사회의 성립, 사림(士林)세력의 성장, 광작(廣作)농민과 도고(都賈)상인의 성장 그리고 양반신분체제의 동요와 농민의 반란으로 나누고 있다. 시간적으로 보면, 양반사회의 성립 시기는 대체로 15세기 즉 조선 초기가 되며, 사림세력의 성장은 16세기에서 임진왜란과 병자호란을 극복하는 17세기 중반 정도로 설정되고 있고 그 이후 광작농민과 도고상인 의 성장시기를 거쳐 19세기에 와서 양반신분체제가 동요되는 것으로 나누었다.

조선 초기에 양반사회가 성립된 것은 고려 말부터 형성되어 온 사대부 세력이 조선왕조의 성립에 따라 집권세력으로 성장한 결과였다. 양반은 과거시험의 응시 기회를 제한해서 신분을 세습적으로 독점했으며, 문반과 무반 가운데도 문반이 정치 요직을 차지하면서 사회 지배권력을 장악해 갔다. 그 가운데도 훈구세력이라고 부르는 집권 핵심부의 소수 관료들이 권력을 이용해서 많은 토지와 노비를 소유했다.

사회의 변화는 그대로 집을 짓는 데 영향을 미쳤다. 조선왕조가 세워지고 처음 약 1세기 동안 가장 활발히 이루어진 건축 활동은 새로운 도성의 건설과 궁궐 신축이었다. 아울러 나라의 제사 시설과 관청 등 신왕조의 통치에 필요한 건축물 조성에 온 힘을 기울였다. 특히 조선왕조가 통치의 이념으로 내세운 유교와 관련하여, 예의(禮儀) 제도에 맞는 각종 제사 시설을 갖추는 것은 초기 도성 건설과정에서 중요한 대상이었다. 사직단과 종묘를 비롯해서 문묘나 선농단, 선잠단 등이 도성 안팎에 속속 세워졌다. 도성만이 아니고 지방 도시에도 예의 제도와 관련해서 공자 위패를 모신 문묘가 세워지고 사직단이나 여단 같은 제사 시설이 갖추어졌다. 이것은 신왕조가 탄생하고 양반관료사회가 형성되면서 국왕을 정점에 둔 강력한 중앙집권적 통치체제를 구축하는 데 필요한 건물들을 만든 것이었다.

사림은 지방에 근거지를 가지고 있는 선비들을 일컫는 말이다. 이들은 향촌에서 영향력을 행사해 오던 세력이었다. 15세기 말부터 사림은 중앙 정계에 진출하기 시작했고 몇 차례 훈구세력과의 마찰을 거치면서 16세기 말에는 정치 주도권을 장악하게 되었다. 정권 담당자가 되었어도 사림들의 생활 기반은 여전히 농촌에 있었다. 따라서 이들은 관직을 얻어 중앙에 간다 하더라도 향촌을 완전히 떠나는 것이 아니었다. 향촌

사진 1. 경복궁 근정전 전경

에는 동족들이 남아 있어서 농장을 경영하고 향촌의 지배세력으로 남아 있었다.

16세기가 되자 건축 활동의 양상이 크게 달라졌다. 향촌의 지배세력으로 자리잡은 사림들은 자신들의 주택을 향촌 지배세력에 걸맞은 격식 있는 것으로 지어내기 시작했다. 아울러 사림들의 세력 거점이 되는 서원을 지어 후진을 양성하는 근거지로 삼았다. 서원은 후에 나라에서 토지를 내려 주고 서원의 존재를 인정해 주는 사액제도가 생기면서 더 확장되었다. 중앙 관직을 떠난 사림 중에는 향촌 경치 좋은 곳에 서당이나 정자를 지어 학문과 휴양처로 삼았다. 이런 정자들은 규모는 크지 않았지만 선비들의 절제된 품격과 자연에 대한 일체감을 바탕으로 뛰어난 조형물로 만들어졌다. 이 사이에 임진왜란과 병자호란을 겪으면서 많은 건물들이 소실되었다. 궁궐은 모두 불에 타고 종묘와 사직단도 파괴되었으며 전국의 유명 대찰의 전각들도 소실당하였다. 전쟁의 복구는 제한된 여건 속에서 부분적으로 수행될 수밖에 없었고 본격적인 재건 활

사진 2. 안동 도산서원 전경

동은 다음 시대로 넘어갔다.

17세기 중반 이후 나라의 경제 운영에는 많은 변화가 나타났다. 수리사업이 적극 실시되고 농업기술이 발전하여 쌀 생산이 많이 늘었고 이를 바탕으로 공산물을 현물 대신 쌀로 바치는 대동법이 실시되었다. 대동법이 시행되면서 도시에서는 상인들의 활동이 활발해졌다. 이들 중 일부는 관청과 밀접한 관계를 가지면서 도고상인으로 성장해 갔다. 또한 민간 상인들도 세력을 확장해 갔다. 농촌에서는 농업 생산이 늘면서 농민 가운데 대규모 농지를 보유한 소위 광작농민들이 나타났다. 물론 농촌에서는 여전히 향촌의 지배세력인 양반계층이 존재하고 있었지만 18세기에 들어오면서 이러한 광작농민이나 도고상인의 성장은 더욱 두드러졌다.

이 시기에 양반들은 폐쇄적으로 씨족간의 마을 결속에 몰두하였고 서원 건설이나 씨족 공동시설 건립에 힘을 기울였다. 정작 눈부신 건축 활동을 전개한 것은 불교 사찰이었다. 그 동안 불교계는 정치적인 억압 아

사진 3. 구례 화엄사 전경

래 사찰 재정이 크게 압박당하고 사찰 신축도 제한되어 쇠퇴를 면치 못하였다. 그러나 임진왜란 이후 불교에 대한 억압이 느슨해지고 무엇보다도 뛰어난 승려들의 헌신적인 노력 덕분에 병화로 불탔던 사찰 재건은 활발하게 진행되었다. 특히 18세기에 들어와서는 오랫동안 폐허화되었던 옛 절터에 새로이 법당이 들어서고, 남도 해안가 일대에는 새롭게 창건되는 사찰들도 속속 나타났다. 사찰 재건이나 창건에는 승려 스스로의 노력이 큰 힘이 되었지만 이 시기에 와서 경제력을 획득한 광작농민이나 상인들의 시주도 적지 않은 역할을 하였다. 이들 농민이나 상인들은 양반들과 달리 여전히 불교의 신봉자들이었기 때문이었다.

한편 19세기가 되자 세도정치의 여파로 양반들 간에 신분의 해체가 진행되어 갔다. 일부 세도가들은 더 큰 권력과 부를 장악했지만 정권에서 소외된 많은 양반들이 우월한 지위를 상실해 갔다. 반면 그 동안 사회적으로 지위를 얻지 못하던 중인들의 세력이 점차 커져 갔다. 아울러 부유해진 농민이나 상인들의 신분 상승도 나타났다.

이 시기에는 불교 사찰도 더 이상의 활기를 유지하지 못하고 서원의 신축도 소강 상태를 맞는다. 다만, 주택 건축은 이전에 없던 활기와 새로운 창의력을 발휘한다. 특권 상류층의 대저택 조성이 눈에 띄고 중류 계층 주택이 전반적으로 늘어나고 서민 계층의 주거 상황이 조금씩 나아지는 현상을 보인다. 특히 도시에 인구가 모여들고 도시 내에 주택을 비롯해서 상업 관련 시설들이 가로변에 늘어서는 전에 없던 현상들이 나타난다.

이처럼 조선시대 건축계 전반의 경향은 바로 사회지배세력의 추이와 밀접하게 연관되어 전개되었음을 알 수 있다. 이것을 다시 단계적으로 정리한다면 다음 셋으로 나눌 수 있을 것이다. 첫째는 15세기로, 국왕을 정점에 둔 양반관료사회 성립기로 잡고 주로 도성의 건설이나 궁궐 및 도시 내 각종 제사 시설이 이루어진 시기이며, 두 번째는 16세기에서 17세기 전반으로, 사림세력에 의해 서원이나 선비들의 정자가 지어지고 농촌에 양반들에 의해 성리학에 입각한 새로운 주택이 지어진 시기이고, 세 번째는 17세기 후반 이후 19세기까지로 광작농민이나 도고상인이 나타나고 양반신분체제에 동요가 생기면서 불교 사찰이 활기를 찾고 양반의 씨족마을이나 대저택이 조성되고 서민층의 주거가 대두된 시기이다. 이 책에서는 편의상 이 세 시기를 각각 조선 초기, 조선 중기 그리고 조선 후기로 구분하여 서술해 나가고자 한다.

2. 건축에 영향을 미친 정신적 요소들

조선 초기 양반관료들이 추구한 것은 유교 이념의 회복이었다. 오랫동안 젖어 있던 불교의 관습을 버리고 유교 경전에 입각한 새로운 사회질서를 수립하는 것이 신왕조의 목표였다. 정도전은 그 대표적인 인물로 꼽힐 수 있다. 정도전은 『조선경국전』을 저술하여 유교적 사고에 바탕을 두고 조선 사회를 이끌어 갈 나라의 통치체제를 피력하였다. 아울러 도성의 건설이나 경복궁 창건을 주도하여 유교 이념에 입각한 새 도성의 건설과 궁궐 조성에 노력하였다.

유교의 실천 이념은 예에 있다고 한다. 예란 사람과 사람 사이에 지켜야 할 기본적인 덕목을 말한다. 구체적으로는 예에 관한 의식 즉 예의(禮儀)를 실천하는 것이 중요하다. 신령께 정성껏 제사지내는 의식에서부터 경사스런 때를 맞아 그 예를 행하는 것, 손님을 맞이하는 데 지켜야 하는 예의, 사람이 죽었을 때 치르는 예의 등등이 모두 일정한 법칙이 있었고 그런 예의를 실천하기 위한 일정한 건축물이 지어져야 했다. 종묘와 사직 그리고 문묘나 성황단이 모두 신령께 제사지내는 건물이며, 궁궐에서는 임금과 신하가 서로 경사스런 때에 예의를 실천하는 것이 가장 중요한 기능이었다. 조선 초기 도성이 건설되고 종묘나 사직, 문묘가 세워지고 궁궐이 조성된 바탕에는 이러한 유교의 예의가 작용하고 있었던 것이다.

유교에 영향받은 집들은 일정한 형식을 따르고 있다. 이 형식의 기원은 멀리 주나라 때의 경전에 있었지만 그때그때 현실 여건에 맞추어 바꾸어 간 것이다. 조선시대에도 고대 경전을 기본으로 하면서 조선 고유한 일정한 형식들이 만들어졌다. 특히 제사지내는 건물은 그 형식이나 격식이 엄격히 지켜졌으며 그것이 하나의 전통을 만들어 갔다.

조선 중기에 오면 성리학이 최고의 정신적 가치로 인정받게 된다. 성리학은 중국 송나라 때 와서 기존 유교의 경전들을 새롭게 재해석하여 성명(性命)과 이기(理氣)의 관계를 통하여 우주의 본체와 인성에 관한 철학적 고찰을 심화한 것으로 설명된다. 16세기는 사림들에 의해 성리학이 조선 사회에 본격적으로 뿌리 내린 시기이다. 특히 중국에서 성리학을 집대성한 주자의 행적은 그대로 조선 사림들의 본보기가 되었다. 주자는 만년에 무이산에 들어가 무이정사(武夷精舍)를 짓고 후학들을 가르치며 자연을 벗삼아 은거했다. 조선의 많은 선비들이 이를 본받아 정사나 서당, 정자 등을 고향 근처 경승지에 짓고 학문 생활과 후진 양성에 몰두했다. 이 때 선비들이 지은 건물들은 자연 속에 파묻힌 소박하고 검소한 것으로, 절제와 검약을 신조로 삼은 선비들의 윤리관이 잘 반영되었다. 17세기 이후에는 보다 적극적인 주자학의 실천 윤리가 주장되었다. 그것은 주자가 강조한 가례의 실행이었다. 가례란 사대부가 가정에서 지켜야 하는 예의범절이었는데 그 가운데 특히 중시된 것이 조상에 대한 제례의식이었다. 이를 위해서 집에는 반드시 가묘를 세우고 일정한 법도에 따라 제례를 치르는 것이 규범화되었다. 가례의 규범은 사대부의 주택을 바꾸어 놓는 데 결정적인 역할을 하였다.

성리학이 지배적인 흐름이 되자 집 짓는 데도 성리학에 입각한 일정한 규범이 중요하게 되었다. 특히 주자가 주장한 제사지내는 절차나 규칙은 절대적인 것이 되었고 건축에도 영향을 주었다. 아울러 절제와 소박함을 바탕에 두고 자연과 일체가 되고자 한 건축관도 선비들의 정자에서 하나의 규범으로 자리잡았다.

조선 후기에 들어오면서 건축을 둘러싼 정신 활동은 복잡한 양상을 보인다. 우선 양반들의 경우는 여전히 주자의 가례가 생활을 지배하는 신조로 변함없이 작용하였다. 서원의 경우도 예제에 입각한 선현에 대한 제사가 가장 중요한 의식으로 인식되었다. 많은 서원들이 학생을 가르치는 장소를 두지 않고 단지 제사지내는 사당으로써 존재하게끔 되었다. 반면에 새롭게 사회에 대두한 농민들이나 상인들은 오랜 신앙의 대상인 불교에 심취하고 있었다. 불교는 그 동안 깊은 산속 사찰에서 명맥을 유지하고 있었는데 이 시기에 와서 새로운 신도층을 확보하면서 전면에 나서게 된 것이다. 조선 후기의 불교는 여러 종파로 분리되어 있던 고려시대와 달리 교리상으로 통합되어 있었고 승려들은 주로 개인적인 수도와 참선을 위주로 한 은둔적인 수행에 몰두해 있었다. 그 결과 과거와 같이 귀족층을 상대로 한 장대한 법회보다는 소규모의 예불이 주류를 이루었고 이러한 예불의 변화는 불전 건축에도 영향을 주었다. 즉 불교 건축은 대규모 야외 법회를 위한 장대한 외부 공간 대신에 승려들의 개인적 수행과 소규모 예불에 적합한 통합적이고 폐쇄적인 공간 구성으로 변화되었다. 또한 전각들도 소규모 실내 예불이 가능하도록 실내 공간을 확충하는 방향으로 발전해 나갔다.

한 가지 특기할 것은 농민이나 상인세력의 출현과 같은 시대 변화에 맞추어 나타난 지식층의 새로운 학문 경향이다. 실학이라고 부르는 이러한 경향은 조선 후기의 가장 대표적인 정신 활동으로 손꼽힌다. 아울러 상업에 대한 중요성이 인식되면서 집권층에서도 상인세력을 규합하거나 상업적 이익을 증대시켜 권력을 강화하려는 생각도 나타났다. 수원을 새 장소로 이전해서 신도시로 건설했던 화성은 이러한 상업적 관심의 산물이다. 또한 수원 화성의 성곽 축조에서는 당대의 신진 학문 경향인 실학을 적극 수용해서 새로운 형태의 성곽을 만들어 냈다. 이런 점에서 화성은 조선 후기 정신사를 종합한 결정체라고 말할 수 있다. 실학정신은 주택에도 변화를 초래하였다. 과거와 같이 규범에 얽매여 생활에 불편한 집을 짓는 자세에서 벗어나 실생활에 도움이 되고 또 생활에 즐거움을 주는 살림집을 만드는 경향이 확산된 것이다.

이밖에 시대를 초월해서 건축에 영향을 미친 정신적인 것으로 풍수에 대한 관심을 들 수 있다. 풍수설에 대한 관심은 이미 통일신라 말부터 구체화되었으며 고려시대를 거쳐 조선시대를 통해서 지속적으로 이어졌다. 풍수는 도시의 위치를 선정하는 데서 건물의 터 잡기, 방향 정하기, 방의 위치 정하기에 이르기까지 광범위하게 건축에 영향을 미쳤다. 아울러 조선시대의 도시나 건축이 자연환경과 밀접한 관계를 갖고 조성되어 나가는 데 커다란 지침으로 작용하였다. 풍수는 조선시대에는 무덤 즉 음택(陰宅)에 더 큰 영향력을 행사했지만 사람들이 사는 집이나

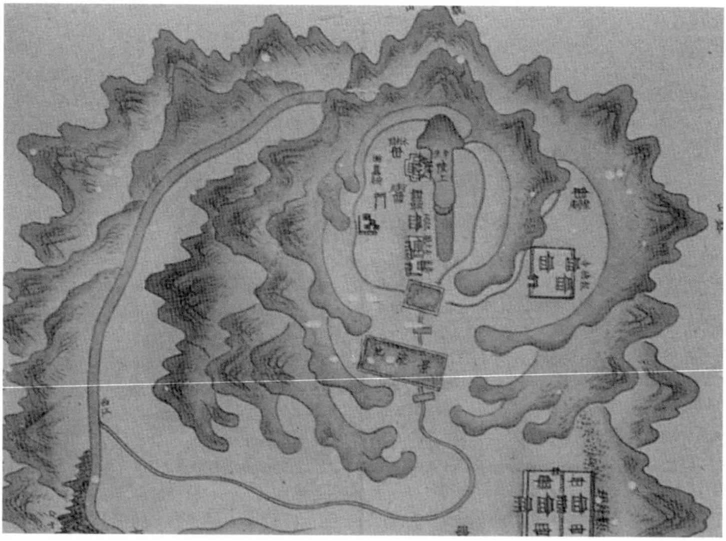

그림 1. 명당도(18세기 말, 장서각 소장)

마을 즉 양택(陽宅)의 측면에서도 무시할 수 없는 이론적 바탕을 제공했다. 지세를 잘 관찰하여 산의 생김새나 물의 흐름에 맞추어 집을 짓고자 하는 지혜의 바탕에는 항상 풍수가 작용하였고 그것은 결과적으로 조선시대 건축이 자연과 적절한 조화를 유지해 갈 수 있는 원동력이 되었다.

3. 장인의 작업 여건과 기술

장인(匠人)이라면 흔히 물건을 만드는 것을 업으로 삼는 사람을 가리킨다. 조선시대 기록에는 장인 외에 공장이라는 표현도 자주 보인다. 장인 중에 특히 집을 짓는 일에 종사하는 직종으로는 목공(또는 목수), 석공(석수), 미장이(니장), 기와장이 등이 있다.

그런데 조선시대 목공이나 석수 등은 지금 우리 주변에서 말하는 목수나 석공과는 개념이 조금 다르다. 지금은 목공이나 석공은 소위 건축 기능인으로 분류하여 직접 기술을 구사해서 건축 일을 하는 사람들을 가리키고 이와는 별도로 건축공사를 감독하거나 건물을 설계하는 사람들은 건축기술자로 분류하고 있다. 즉 건축 일에서 직접 시공을 담당하는 업무와 설계나 감독 일을 명확하게 구분하고 있는 것이다. 더욱이 설계 업무에 대해서는 따로 설계를 할 수 있는 등록된 면허를 부여하여 건축사로 호칭하고 있다. 건축 설계 일을 하는 사람들간에는 스스로를 건축가로 부르면서 그 업무의 고유성을 강조하기도 한다.

조선시대 장인들은, 물론 건축기능자로써 직접 시공 업무를 담당하였다. 그러나 여기서 그치지 않고 건물의 설계나 계획 및 감독자의 역할도 겸하고 있었다. 즉 조선시대에는 따로 설계 업무와 시공 업무가 분리되지 않았고 장인들은 이들 두 영역을 두루 포괄하는 광범위한 기술자 역할을 맡았던 것이다. 보통 집을 지을 때는 집주인의 의견이 초기 단계에서 큰 방향을 결정하지만 결국 구체적인 집의 규모나 형태, 세부적인 기술적 처리에 있어서는 기술자의 안목과 기량에 의해 결정되는 만큼 조선시대 건축에서 장인의 역할은 매우 컸다.

건축 장인들도 시대 변화에 따라 많은 변화를 겪었다. 조선 초기의 장인들은 관청에 예속되어 궁궐이나 도성 축조와 같은 일터에 동원되었다. 장인들은 공장안(工匠案)이라는 일종의 장인 호적에 등록되어 있어서 나라에서 필요할 때 의무적으로 공사장에 나와야 했다. 공조에서는 지속적으로 유능한 장인들을 확보하기 위해서 이들에 대한 교육과 신분 보장을 해 줄 수 있는 제도를 마련했다. 보통 13, 14세 되는 어린아이들을 모아 수년간 기술을 가르쳐서 일정한 수준이 되면 장적(匠籍)에 이름을 올려 장인으로 등록시키는 것이었다. 또 오랜 기간 동안 성실하게 관청 공사장에 나와 일한 사람에게는 신분상의 대우를 해 주었다. 특히 큰 건물을 완성하는 데 공로가 인정되는 경우에는 특별히 벼슬을 내려

주기도 하였다. 그 벼슬은 간혹 무관 계통으로 정3품 당하관에까지 이르기도 하였다.

세종 때 이런 관청 건축공사에 오랜 경력을 쌓은 최씨 성을 가진 목수가 있었다. 이 사람은 세종 30년에 있었던 서울 남대문을 수리하는 공사 때에는 목수의 우두머리인 대목(大木) 일을 맡았는데 그 관직이 정5품 무관인 사직 벼슬이었다. 함께 일한 석공 우두머리는 신내행이란 사람으로 역시 정5품 무관 벼슬에 있었다. 성종 11년의 남대문 수리공사 때 대목은 정3품 무관계 당하관인 어모장군 품계까지 올라간 인물이었다.

이처럼 조선 초기에는 관청이 장인들의 기술교육을 주도하고 안정적인 신분 보장을 해 주었으며 특히 공로가 있는 장인에게는 벼슬자리까지 보장해 주었기 때문에 도성 주변의 건축물은 비교적 안정된 기술을 바탕으로 지어질 수 있었다. 서울 남대문은 조선 초기에 지은 목조건물 가운데 완숙한 구조기법을 보여 주는 건물로 높이 평가되는데 바로 이러한 장인의 기술적 뒷받침이 있었던 것이다. 특히 이 건물은 건물 각 세부가 전체 형태에 잘 수렴되어 전체와 부분이 적절히 조화를 이룬 것이 큰 특징이다. 높은 관직을 가진 대목과 같은 기술자가 세부작업을 맡은 기술자들을 통솔하여 전체 형태를 이끌어 간 결과라고 생각된다.

조선 중기가 되면서 관청 주변의 장인세계에는 변화가 나타났다. 이미 15세기 말부터 조선왕조의 재정은 불안정해지기 시작했다. 훈구대신들의 막대한 토지 사유화와 행정의 문란으로 나라의 재정은 크게 위축되었고 그 여파는 관청 일에 종사하는 장인들에게 더 이상 안정적인 신분 보장을 어렵게 만들었다. 공로가 있는 장인에게 특별히 마련되던 관직 제수도 양반관료들의 반대로 점차 축소되었다. 이렇게 작업 여건이 열악해지는 가운데 장인들을 관청에서 떠나도록 만든 것이 훈구대신들이나 왕손들의 대규모 건축공사였다. 16세기에는 이러한 척신들의 대저택 건설이 크게 유행하였는데 여기에 관청에서 제대로 대우를 받지 못하던 장인들이 모여들게 되었다. 그 결과 관청에서의 기술교육도 쇠퇴하게 되고 우수한 장인을 체계적으로 관리하기도 어렵게 되었다.

한편 지방 사림들도 향촌에서 활발히 자신들의 건축물을 만들어 냈다. 서원이 세워지고 사대부의 장대한 주택이 만들어졌다. 그러나 지방에서는 서울의 유능한 장인들을 불러 올 정도는 못 되었다. 그 공백을 메운 것이 승려 장인들이었다. 승려 장인들은 서원과 같은 규모가 있는 건물은 물론 사대부의 주택이나 서당, 정자와 같은 소규모 건물에 이르기까지 거의 대부분의 지방 건축공사에 진출하였다.

승려들이 건축 장인의 일을 하게 된 것은 이미 고려시대부터의 전통이었다. 고려시대에도 개경 주변의 큰 절은 나라에서 장인들을 동원해서 지었지만 산간 깊은 곳의 절은 결국 사찰 내 승려들이 직접 기술을 익혀 건물을 짓고 있었다. 승려들 가운데는 수행과 자기 정진에만 몰두하는 사람들도 있지만 사찰의 살림살이를 맡아 한다든지 사찰에서 필요로 하는 각종 기물이나 음식을 만드는 일에 전문적으로 종사하는 사람들도 있었다. 이런 사람 가운데 전문적으로 건축 일을 하는 승려들도 적지 않게 있었던 것이다. 고려시대 말의 건축 기록 중에는 이 때 대목 일을 맡았던 승려들의 이름이 상량문이나 대들보 같은 데 적어 놓은 묵서에 종종 나타난다. 심지어는 조선 초기 때 서울 남대문을 창건할 때도 목수 일을 총괄하는 대목은 사찰의 승려 장인이 맡아서 했다. 아직 관청의 장인조직이 정비되지 못하고 있을 때 우선 급한 대로 일을 맡아 할 사람으로 승장이 선택된 것이었다. 조선시대에 들어와 나라에서 정책적으로 불교를 억압하자 사찰은 더 자급 자족적인 운영체제를 취하지 않으면 안 되었고 사찰 건물을 짓는 일은 거의 승려 장인들의 차지가 되었다. 여기서 축적된 승장간의 독특한 기술을 바탕으로 16세기에는 지방의 민간 건축 일에 진출하게 된 것이다.

대제학을 지낸 유희춘은 16세기 말에 고향 근처 해남에 자신의 주택을 새로 짓게 되었는데, 정안이라는 승려가 집터를 보아 주고 집의 방향을 정해 주었고 담희라는 승려는 직접 목수 일을 맡아 했다. 퇴계 이황이 말년에 세운 도산서당도 법연과 정일이라는 인근 용수사의 승려가 지었다. 다른 대부분의 정자나 서당 역시 이런 승려 장인에 의해 지어졌다.

이 즈음에 관청에서는 소수의 장인들을 확보하여 소규모 건물 수리에 충당할 정도의 인원을 보유하는 데 그쳤다. 임진왜란으로 궁궐을 비롯해서 수많은 관청 건물들이 불에 탔고 왜란 후 그 복구는 나라의 큰 과제였다. 관청에서는 많지 않은 민간 장인들을 적극 불러내어 공사에 동원시켰으며 한편으로 승장들도 궁궐 공사 등에 투입하였다. 특히 단청 일은 승려들의 독점적인 분야가 되어 거의 대부분의 궁궐 단청이 승장에 의해 이루어졌다.

이 당시까지도 장인들이 관청 공사장에서 일하는 것은 일종의 부역 노동과 같은 것이었다. 장인들은 억지로 공사장에 불려 나오는 경우가 많았고 일한 대가로 기술에 대한 정당한 노임을 받는 것도 아니었다. 다만 공사장에 나와 있는 동안의 생계 유지비 정도의 대가를 받는 데 그쳤다. 그러다 보니 뛰어난 기량을 가진 자나 그렇지 못한 자, 또 복잡한 부분을 정밀하게 가공해야 하는 중요한 일을 맡은 장인이나 그렇지 않은 장인이 모두 똑같은 노임을 받을 따름이었다. 이런 여건이었으므로 그 작업이 효율적으로 이루어지지 못하고 기술적으로도 뛰어난 기량이 발휘되기 어려운 한계가 있었다.

조선 후기가 되면서 장인들의 작업 여건에 많은 변화가 따랐다. 여전히 지방에서는 승장들이 큰 몫을 차지했지만 여기에 서서히 민간인 장인들이 자리잡기 시작한 것이다. 양반들의 활발한 주택 건설이 이어지면서 민간인 가운데도 우수한 기량을 익힌 장인들이 배출된 것이다. 이 시기 급격하게 늘어난 서원 건설도 민간 장인의 몫이 되었다. 민간 장인들은 차츰 사찰 건설에도 진출하기 시작하였다. 우선 승장이 하기 어려

그림 2. 대패질하는 모습(김홍도 풍속화에서)

운 대장장이 일부터 시작해서 미장이 일이나 기와 굽는 일을 차지해 갔고 나중에는 목수 일도 상당 부분 민간 장인이 승려들을 대신해서 맡아 했다. 이들은 대개 자신의 기량이나 일한 내용에 따라 비교적 정당한 노임을 받았다.

관청에서는 여전히 부역노동으로 일을 시켜 나갔지만 그것은 거의 한계에 이르고 말았다. 민간 공사장에서 성숙된 작업 여건이 더 이상 관청에서도 부역노동을 지탱할 수 없게 만든 것이다. 드디어 1789년, 정조의 첫 번째 왕세자였던 문효세자의 사당을 짓는 문희묘 공사를 하면서 관청에서도 처음으로 장인에게 일한 대가에 따라, 또 장인의 직종에 따라 차등을 주는 노임제가 실시되기에 이르렀다. 노임제가 전면적으로 실시되면서 관청이 장인을 호적에 등록시켜 일을 부리는 제도는 사라졌다. 적절한 노임을 제시해서 원하는 사람들이 공사장에 모여들도록 하면 되었다. 물론, 꼭 필요한 장인이 있을 경우에는 여전히 강제적으로 장인을 관청에 동원하는 사례는 남아 있었지만 적어도 모든 장인을 부역 동원하는 일은 없어진 것이다.

노임제가 되면서 장인세계에도 변화가 따랐다. 우선 장인 스스로 기량을 연마하기 위한 노력이 생겨났다. 일부는 특정한 부분에서 남다른 기량을 갖추고자 하는 경향도 보였다. 그 단적인 증거가 이 시기에 발달하게 되는 연장의 발전이다. 목수에게 있어서 연장은 그들의 기술 수준을 가늠하는 중요한 수단이다. 연장이 얼마나 정교해지고 세밀하게 분화되는가에 따라 당시의 건축 기술 수준도 달라지기 때문이다.

목수들의 연장은 고려 후기에 와서 한차례 큰 진전을 본 것으로 보인다. 그 전까지 큰 목재를 횡방향으로 자르는 것은 도끼나 톱으로 가능했지만 종방향으로 얇게 켜 내는 것은 많은 노력이 들어가는 어려운 작업이었다. 쐐기를 박아서 나무결을 따라 쪼개고 나서 자귀 등으로 표면을 다듬는 낭비가 많고 힘든 과정을 거쳤다. 그러던 것이 목재를 종방향으로 길게 켜 낼 수 있는 큰톱이 등장한 것이 대체로 고려 후기로 추정된다. 그 덕분에 길고 가는 재목에서부터 얇은 판자에 이르는 다양한 목재 가공이 가능해졌다.

그 이후 연장은 큰 발전을 이루지 못하다가 조선 후기에 와서 다시 진전을 보았다. 이 때는 주로 대패가 다기 다양하게 분화되는 경향으로 나타났다. 대패 역시 비교적 늦게 나타난 연장이었지만 조선 후기에 와서는 수십 종에 이르는 다양한 대패가 출현하였다. 그 대종은 주로 창틀을 정교하게 가공하는 데 쓰이는 것이었다. 쌍사대패, 엇미리대패, 골미리대패 등 그 이름도 생소한 수많은 종류의 대패가 나타났고 이런 연장 덕분에 조선 후기 양반주택이나 연경당, 낙선재 같은 건물에 섬세하고 정교한 창문들이 만들어지게 되었다.

조선 후기에 오면, 장인들은 각 부분별로 자신의 맡은 역할을 책임지는 공사조직체계를 이룬다. 편수 또는 변수라는 직책이 생겨나서 목수

편수는 나무 일만, 석수편수는 돌 일만 책임진다. 심지어는 온돌편수, 연목편수, 창호편수 같이 특정 부분의 공사 내용만을 담당하는 편수도 있다. 전체 공사는 도편수가 이끌어 간다. 그러나 이 도편수의 감독기능은 조선 초기 대목이 맡았을 때에 비하면 훨씬 축소된 것이다. 이런 공사조직 아래서 지어지는 건물의 특징은 전체적인 통일성이 약해지는 점이다. 대신 창호나 온돌, 서까래와 같은 각 부분부분은 독립적으로 잘 갖추어진다. 연장의 발달은 이런 부분적인 세밀한 가공을 더욱 촉진시켰다. 조선 후기 사찰 건축에 많이 보이는 현란한 조각 장식이나 꽃살무늬 창살은 이런 작업 여건 속에서 각 부분을 맡은 장인들이 자신의 기량을 한껏 발휘한 성과이다.

4. 목조건축의 구조와 공포(栱包) 형식

집 짓는 재료나 집의 뼈대를 이루는 골격의 구조방식에서 조선시대는 전통적인 방식에 의존한 마지막 시대였다. 20세기에 들어오면서 재료나 구조방식은 혁신적인 변화를 겪기 때문이다. 전통적인 집 짓는 방식은 흙과 돌, 그리고 나무를 기본재료로 해서 목조의 가구식 구조를 이루는 것이었다. 그 기본은 이미 삼국시대에 형성된 것으로 조선 말기까지 본질적인 내용은 달라지지 않았다. 벽돌이 삼국시대에 도입되어 부분적으로 쓰였지만 크게 활용되지 못하다가 조선 후기에 와서 실학자들의 제안으로 일부 건축재료로 활용되었다. 그러나 주류를 이루지는 못하였다.

목조건물의 기본적인 구성방식은 크게 세 부분으로 나누어 볼 수 있다. 첫째는 기단부이고, 두 번째는 기둥을 세우고 벽체를 쌓는 축부, 세 번째는 지붕 부분이다. 기단은 내부는 흙을 단단히 다져가며 단을 쌓고 밖에는 돌로 마감하는 방식을 취한다. 고대에는 기단 전체를 흙을 얇게 여러 단으로 쌓아 올라가는 판축이라는 기법을 썼으나 조선시대에는 사람을 많이 동원해야 하는 이런 기법은 거의 사용되지 않았다. 그 대신 주춧돌을 놓는 부분에 대해서만 달구질을 여러 차례 해서 흙을 다지고 잡석을 깔아 바닥을 다지는 간단한 방식을 썼다. 기단에는 반드시 단 위로 올라가는 계단이 있게 마련인데 궁궐이나 나라의 중요한 사당에서는 계단 측면을 가리는 소맷돌이라는 큰 돌을 대서 계단의 격식을 높였고 사당에서는 간혹 구름 문양을 장식하는 경우도 있었다.

축부의 기본은 기둥과 보로 집의 뼈대를 이루고 기둥 사이를 흙벽이나 창호로 마감하는 것이다. 중국에서는 뼈대를 구성하는 방식으로 기둥과 보를 짜는 방식 외에 여러 개의 기둥을 수직으로 세워서 지붕을 받치고 보를 걸치지 않는 기법도 있었지만 조선시대 건물에서는 집의 뼈대는 기둥 위에 반드시 보를 걸치도록 했다. 벽체는 오래된 건물일수록 흙벽의 비중이 높고 창문이 작고 단순한 것이었고 시대가 내려오면서 실내를 밝게 하고 쾌적하게 만들기 위해 창호를 크게 내는 경향을 보였다. 이것은 또한 가공하는 기술이 발달하였기 때문에 가능하였다.

지붕은 특별한 의미를 지닌 부분이었다. 지붕은 그 크기도 컸지만 특별히 상징적인 의미를 담고 있었다. 지붕은 그 형태로 보아 크게 맞배지붕과 우진각지붕, 팔작지붕으로 나눌 수 있다. 맞배지붕은 양쪽으로만 경사를 이룬 가장 단순한 형태이다. 우진각지붕은 사방으로 경사면을 가진 지붕으로 모임지붕이라고 부르기도 한다. 이것은 오랜 역사를 가진 지붕 형태이며 조선시대에는 특별한 격식을 필요로 하는 건물에만 이런 지붕을 했다. 즉, 궁궐의 정문이나 서울의 남대문과 같은 도성 정문에 우진각지붕을 한 것이다. 팔작지붕은 맞배지붕과 우진각지붕을 결합시킨 것과 같은 모양을 한 것이다. 조선시대에는 맞배지붕은 사당처럼 지붕 형태를 간소하게 할 경우나 부속 건물 등에 채택하고 중요한 건물은 대개 팔작지붕으로 했다.

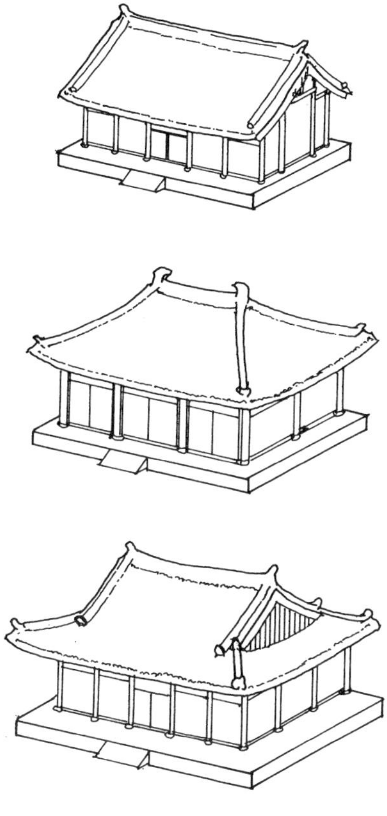

그림 3. 지붕의 종류와 명칭(위에서부터 맞배지붕, 우진각지붕, 팔작지붕)

또 지붕에는 잡귀로부터 건물을 보호하려는 뜻에서 여러 가지 상징적인 조각물을 올려놓기도 했다. 주로 지붕 제일 꼭대기인 용마루 양쪽 끝에 취두라는 짐승의 머리를 올려놓거나 양끝 경사져 내려오는 내림마루 끝에 용머리를 새긴 용두를 놓기도 하고 사방의 추녀마루 위에 잡상을 두기도 하였다.

지붕의 가장 큰 특징은 처마를 비롯해서 넓은 지붕면 전체를 완만한 곡선으로 처리하는 점이다. 또 한 가지 특징은 처마를 밖으로 길게 내미는 점이다. 이것은 비바람에 약한 나무기둥이나 흙벽을 보호하려는 의도에서 비롯된 것이다. 처마를 길게 내밀게 됨에 따라 처마를 지탱하는 공포(栱包)라는 특수한 부분이 기둥 위에 발달하게 된 점도 또 다른 중요한 특징이 되었다.

이러한 목조건축의 가구법은 이웃한 중국에서 한반도보다 수백 년 앞서 본격적인 수준으로 발전하였다. 중국의 건축술은 부단히 한반도에 영향을 주었다. 한반도에서는 중국의 건축술을 수용하면서 한반도의 토착적인 여건에 맞추어 중국과 다른 고유한 건축구조를 이루어 갔다.

이미 삼국시대에 고구려는 선진적인 목조건축을 갖추었다. 지면에 기단을 돋우고 그 위에 기둥을 세우고 기둥 위에는 공포를 짜서 처마를 받도록 했으며 지붕에는 기와를 덮었다. 이러한 고구려의 건축기법은 이웃한 백제에 전파되고 다시 신라에 영향을 주었다. 통일 이후에 신라는 중국 당나라의 문물을 적극적으로 받아들였다. 그 중에는 당나라의 새로운 목조건축의 세부도 들어 있었다. 그러나 고려시대에 들어오면서 다시 고구려 이래 한반도에 뿌리 내렸던 토착적인 건축술이 주류를 이루게 되었다. 고려 후기에는 이러한 토착적인 구조방식에 더 해서 중국을 통해 유입된 새로운 구조방식이 다양하게 시도되었다.

고려시대의 목조건물은 지금 남한과 북한에 몇 동이 남아 있다. 이 건물들의 공포구조는 몇 가지 다른 계통으로 구분된다. 가장 오랜 건물로 알려진 안동의 봉정사 극락전이 통일신라 이래의 구조계통을 계승한 것으로 판단되고, 또 다른 계통으로 예산 수덕사 대웅전을 비롯한 몇 동의 건물이 있다. 한편 북한에 있는 황해도 연탄의 심원사 보광전은 앞의 건물과는 전혀 색다른 구조 수법을 보이는 건물이다. 즉 앞 건물들이 공포가 기둥 위에만 짜여져 있는 데 반해서 심원사 보광전 건물의 공포는 기둥 위는 물론 기둥 사이에도 가득 채워져 있는 것이다. 공포가 기둥 위에만 있는 것을 주심포(柱心包) 형식이라고 부르고 공포가 기둥 사이에도 많이 짜여져 있는 것을 다포(多包) 형식으로 부른다. 그러나 이것은 어디까지나 공포의 과다를 기준한 편의적인 분류에 지나지 않으며 문헌상의 근거를 갖거나 구조의 계통에 따른 분류는 아니어서 앞으로 다시 검토되어야 할 과제를 안고 있다.

조선시대의 목조건축은 고려시대 기법을 계승해 가면서 조선시대의 시대 여건 속에서 조금씩 다른 모습으로 바뀌어 갔다.

대체로 조선 초기에는 고려 말기의 구조를 그대로 계승한 것으로 보인다. 크게 수덕사 대웅전의 계통을 이은 소위 주심포 형식의 건물들이 주로 지방 불교 사찰의 법당에서 지어졌고 지방 소도시 관청에서도 세워졌다. 무위사 극락전이나 송광사 하사당은 고려 말 주심포 형식을 충실히 계승한 사찰 건물이며 안성 객사 정청은 주심포식의 관청 건물이다. 그에 반해서 외형이 복잡하고 화려한 다포 형식은 궁궐이나 대도시의 성문과 같이 신왕조의 위세를 과시하는 건물에 채택되었다. 서울 남대문은 조선 초기 다포식 건물의 가장 대표적인 건물로 꼽힌다. 외형상

사진 4. 주심포식 공포(강진 무위사 극락전)

으로 볼 때 다포식 공포의 큰 특징은 공포를 구성하는 짧은 수평 부재가 몇 개 중첩되는 것이다. 첨차라고 부르는 이 수평 부재는 아랫부분이 독특한 곡선을 이루고 있고 바깥쪽으로 돌출한 끝부분이 아래로 처져 내려가 있는데 그 형상이 마치 소 혓바닥과 같다고 해서 쇠서라고 부른다. 이 쇠서가 위 아래로 몇 개 중첩되고 또 그것이 옆으로 여러 개가 나란히 나열되면서 처마 밑에 독특한 외관을 꾸미게 된다. 서울 남대문의 공포는 이러한 첨차의 형상이나 쇠서의 처진 모습이 비교적 덜 장식적이고 건실한 느낌을 주는데 이런 것이 조선 초기 다포 형식의 한 가지 특징이 된다.

조선 중기가 되면서 구조적인 면에서는 새로운 양상이 나타났다. 나중에 익공식(翼工式)이라고 부르게 되는 만들기 간단하고 소박한 기둥 위 짜임이 고안된 것이다. 해인사 장경판전이나 춘천 청평사 회전문의 기둥 위 구조는 기존의 주심포식과는 매우 다른 간결한 방식으로 되어 있다. 해인사 장경판전은 기둥 위에 주두라고 부르는 넓적한 받침재가 놓이고 그 위에 대들보가 올려지는 구조인데 주두와 대들보 사이에 짧은 장식된 부재 하나가 건물 안팎으로 짜여지면서 기둥머리와 주두를 붙잡아 주고 있다. 이 짧은 장식 부재가 일종의 익공인데 이것이 내부에

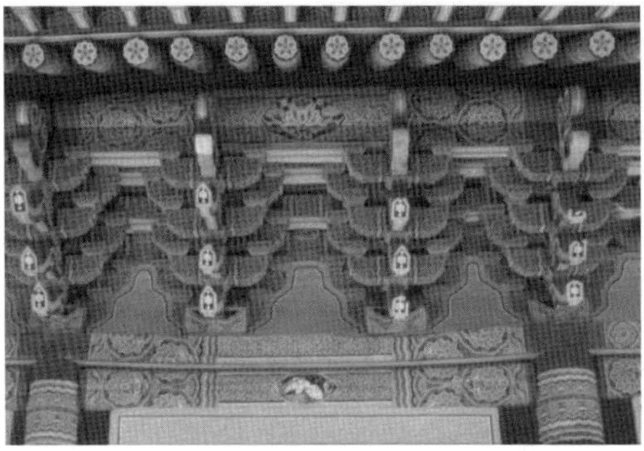

사진 5. 다포식 공포 정면
(완주 위봉사 보광명전)

사진 6. 다포식 공포 측면
(완주 위봉사 보광명전)

서는 대들보를 받쳐 주고 바깥에서는 뾰족하게 장식되어 있다. 청평사 회전문에서는 유사한 방식이면서 주두가 이중으로 겹쳐진 모습이다. 이런 구조 수법은 만드는 데 큰 재목이 필요치 않고 간단히 가공할 수 있으면서 기둥머리의 여러 부재들이 하나로 견고히 짜여질 수 있는 장점을 갖고 있다. 처음에는 이런 짧은 부재를 입공(立工) 또는 엽공(葉工) 등으로 부르다가 18세기에 가서 익공이란 명칭으로 확립된다. 익공식은 주심포식이 비교적 긴 부재를 많이 필요로 하는 데 비해서 경제적인 방식이며 구조적으로는 효과가 높은 것이어서 16세기 이후 서원이나 사찰의 부속건물 또는 관청건물 등에서 널리 사용되게 되었다. 익공식은 외관이 소박하고 간소한 것이 특징이지만 1608년에 재건된 종묘 정전의 경우 익공을 이중으로 중첩시킨 소위 이익공식으로 만들어 처마를 받치는 효과와 함께 외관의 격식도 갖추는 이점을 살렸다.

조선 중기에는 익공식 외에 주심포식이 일부 소규모 건물에 쓰이고 중요한 건물은 대개 다포식으로 지어졌다. 다포식의 경우는 초기에 비해서 각 세부의 짜임이 차츰 장식이 가미되는 경향을 보이게 되는데 특히 실내에서 중첩되는 첨차들이 하나의 커다란 곡선 장식을 이루는 사례가 나타나게 된다. 아울러 쇠서의 형상도 초기보다 더 곡선화되어 견

사진 7. 익공식 공포 정면(종묘 정전)

사진 8. 익공식 공포 측면(종묘 정전)

실함보다는 곡선의 화려함을 추구하는 경향을 보인다.

조선 후기에 들어와서는 구조형식은 익공식과 다포식의 양대 계통으로 확실하게 대별된다. 『화성성역의궤』와 같은 공사 관련 기록에도 공포에 관한 명칭은 익공과 포 두 가지로 한정된다. 궁궐의 정전이나 사찰의 법당과 같은 특별한 건물은 여전히 다포식으로 짓지만 나머지 거의 대부분의 건물들은 간단한 익공식으로 세우는 것이 일반화된다. 이 시기의 익공식이나 다포식은 공통적으로 더 이상 구조적인 개선이나 창안은 보이지 않고 단지 세부의 장식적 처리가 눈에 띌 뿐이다. 다포식의 내부 첨차들은 더 화려하게 장식되고 바깥 쇠서는 곡선이 아주 날카로워진다. 또 여럿으로 중첩된 쇠서의 위에는 봉황머리를 장식한 조각물이 올려지기도 하고 쇠서에도 연봉의 장식 조각이 가미된다. 이런 경향은 익공식에서도 마찬가지여서 초익공이나 이익공의 쇠서 위에 봉황머리 장식이 첨가되는 것을 흔히 볼 수 있다. 이것은 결국 건축구조가 더 이상 새로운 구조적 창안을 개척하지 못하는 한계 속에서 장인들이 자신들의 기량을 발휘할 돌파구를 세부의 장식에서 찾게 된 결과라고 할 수 있다.

그러나 조선시대 건축물들이 모두 다포식이나 주심포식 또는 익공식으로 명확하게 대별되는 것은 아니었다. 일반 주택은 대개 아무런 공포를 갖추고 있지 않은 소위 민도리집이었고 또 사찰이나 관청 건물이라도 부속 건물은 역시 민도리집이 많았다. 그런가 하면, 공포를 갖춘 건물 가운데는 어느 한 형식에 속하지 않고 두 가지 형식이 섞여 있는 건물도 적지 않았다. 조선 초기에는 간혹 주심포식에 다포식이 혼합된 건물이 있었고 조선 후기에는 익공식인데 다포식의 외관을 갖춘 건물도 적지 않았다. 또 주심포식과 익공식의 구분이 애매한 건물도 물론 있었다.

건물의 세부를 자세히 들여다볼 때 또 한 가지 발견되는 점은 공포의 처리에서나 세부의 가공에서 각 건물들이 매우 독창성을 갖고 있는 점이다. 기본적으로는 유사한 공포 형식을 채택하고 있는 건물이라도 그 세부에는 그 집을 지은 장인 개개인의 창의성이 드러나 있다. 다른 사람이 만든 것과 똑같은 집을 짓지 않으려는 생각이나 세부의 기법에서 획일화되지 않으려는 것은 조선시대 장인들이 항상 마음속에 지니고 있었던 기본적인 자세였다. 이런 개성적이고 창의적인 자세 덕분에 조선시대 건축은 하나하나가 소중한 건축물로 인정받을 수 있었다.

5. 벽돌에 의한 새로운 구조

조선시대에 벽돌조건물은 목조건물에 비해서 매우 제한된 경우에만 지어졌다. 그것도 18세기 이후 조선 후기에 와서 집중적으로 지어졌을 뿐이다. 그러나 조선 후기에 지어진 벽돌조건물은 목조건물로 일관되어 온 조선시대 건축에 새로운 가능성을 연 점에서 역사적인 의의가 적지 않다.

벽돌은 삼국시대부터 한민족이 건축재료의 하나로 사용해 온 것이다. 무령왕릉은 벽돌로 축조한 대표적인 백제 왕실의 무덤이며, 신라는 벽돌로 5층 또는 7층 불탑을 세웠다. 고려시대에 와서도 간혹 불탑을 세우거나 성곽을 쌓을 때 벽돌이 이용되었다. 또한 건물 바닥이나 보도에 벽돌을 까는 것도 일찍부터 있었다.

삼국시대에 무덤이나 불탑 축조에 활발히 사용되던 벽돌은 고려시대에 들어와 활용도가 떨어지는 경향을 보이더니 조선시대에 들어와서는 더 활용이 제한되었다. 조선 중기까지 벽돌은 건물 바닥이나 기단 상부를 덮는 데 부수적으로 사용되거나 일부 지역에서 성곽 재료로 활용되는 데 그쳤다. 성곽의 경우는 평안도 변방의 몇몇 읍성과 함흥, 개성 등 특정 도시의 읍성에서 부분적으로 사용되었을 뿐이다.

벽돌이라는 말은 벽(甓)이라는 한자어에 우리말인 돌을 합성한 것이다. 일반적으로는 벽돌과 유사한 재료는 전(塼)이라고 불렀지만, 조선시대에는 바닥에 까는 데 쓰는 벽돌을 전(甎), 벽체를 쌓는 데 쓰는 재료는 벽(甓)으로 구분해서 표기하는 경우가 많았다. 현재 사용하는 벽돌이 붉은 색깔을 띠고 크기도 한 변 25cm 정도로 작은 데 비해서 조선시대 이전의 벽돌은 색깔이 검은 회색이거나 검은 색에 가깝고 크기는 한 변 30cm 정도에 두께도 요즘 것보다 두터운 것이 특징이었다. 벽돌은 고운 흙을 주 재료로 해서 일정한 형태로 빚어 높은 온도에서 구워 내는 것을 기본으로 하는데, 흙의 성분이나 모래와 같은 혼합물의 비율, 벽돌을 굽는 가마의 형태, 그리고 땔감의 종류에 따라 색깔이나 단단함 등에 차이가 많이 나타난다. 조선시대 중기의 문헌에는 고위관료 사이에 벽돌의 활용에 대한 찬반 논의가 종종 적혀 있는데, 벽돌 활용을 주장하는 사람들은 벽돌이 재료를 구하기 쉽고 비용이 적게 들며 크기를 일정하게 해서 일하는 데 능률적이라는 점을 들고 특히 목재가 점차 고갈되는 점을 대비해 벽돌 활용을 장려할 것 등을 들고 있다. 그러나 반대 의견이 더 지배적이었다. 반대하는 의견은 우선 조선의 토질이 물기가 많고 거칠어서 벽돌 제작에 적당하지 않고 벽돌 굽는 기술이 없어서 양질의 벽돌을 만들어 내는 데 오히려 비용이 많이 들고 집을 짓고 난 후에도 쉽게 무너진다는 점을 강조했다. 대체로 반대 의견이 주류를 이루어 벽돌 활용은 적극적으로 실현되지 못한 채 17세기를 넘기게 되었다.

그러나 18세기에 들어와서 사정이 달라졌다. 이 때에는 목재 부족 사태가 현실화되기 시작했고 그 고통이 주로 서민 계층에 나타났다. 또 중국을 방문하는 기회를 얻은 몇몇 학자들을 통해 중국에서는 벽돌을 가지고 크고 견고한 건물이나 성곽을 얼마든지 짓고 있다는 사실이 널리 알려졌다. 특히 백성들의 현실 생활에 눈을 뜬 실학파 학자들이 이런 점에 크게 관심을 기울였다. 『북학의』를 쓴 박제가나 『열하일기』를 쓴 박

지원이 그 대표적인 인물이었다. 정작 벽돌 활용에 결정적인 기여를 한 인물은 아마도 정조 때 대사헌으로 있던 홍양호였다고 짐작된다. 홍양호는 중국에 다녀와서 벽돌의 장점을 들고 특히 성곽 재료로 벽돌이 갖는 우수성을 크게 강조하는 상소문을 왕께 올렸다. 이로부터 10년 후에 조선 후기로써는 가장 대대적이고 성공적으로 벽돌 구조물을 만들게 되는 수원의 화성 축조가 이루어진 것이다.

18세기에 들어와 벽돌로 성곽을 축조한 사례는 수원 화성보다 50여 년 앞서서 1744년에 강화의 외성에서 시도되었다. 그러나 이 때는 벽돌 제작의 미숙과 바닷가에 인접한 지형 조건 때문에 쌓은 지 얼마 지나지 않아서 성곽이 무너지는 실패로 끝나고 말았다. 수원 화성에서는 이러한 실패 경험을 토대로 해서 벽돌 제작이나 축조에 기술적인 개선을 하고 또 전문적인 기술자를 타지역에서 불러오는 등 다각적인 노력을 기울여 성공적인 벽돌 축조를 이루어 냈다.

1796년에 완성된 화성은 약 5.4키로미터의 성벽과 성벽 주변에 설치한 각종 방어 시설들로 이루어진 일종의 읍성이다. 성벽은 재래식의 화강석 석재로 축조되었지만 포루나 공심돈, 옹성 등 새로운 방어시설들은 모두 벽돌로 축조되었다. 이를 위해서 중국의 기술서적을 참조해서 수평방향으로 불길이 나가는 재래식 가마 대신에 수직방향으로 불길이 올라가는 새로운 가마를 틀고 함경도에서 벽돌 제작 경험이 있는 기술자를 불러와 견고한 벽돌을 만들어 냈다.

벽돌이 크게 활용됨에 따라 화성에는 재래 성곽에는 없는 새로운 형태의 구조물이 만들어졌고 창의적인 의장 표현도 나타났다. 화성의 동북공심돈은 속이 빈 원통형의 망루인데 안에는 곡선을 따라 계단이 설치되어 소라각이라는 별명을 얻은 건물이다. 이 건물은 벽돌 덕분에 종래 조선 건축에서 볼 수 없었던 곡면의 벽체가 가능해졌는데, 화성에는 이 건물 외에도 곳곳에 미려한 곡면구조가 나타나서 새로운 형태의 길을 열었다. 또 동북각루인 방화수류정은 목조 기둥을 세우고 그 사이 벽체를 벽돌로 채우는 방식으로 목조와 벽돌조의 결합이라는 새로운 구조적 실험을 했다. 방화수류정의 서쪽 벽에는 벽돌로 모자이크 문양을 만들어 벽돌만이 가능한 의장적인 효과도 만들어 냈다.

화성에서 성공적으로 완성한 벽돌구조는 이후 19세기에 들어와 부분적으로 계승되었다. 특히 궁궐내의 소규모 건물에서 양 측벽을 벽돌로 쌓아 올리는 전에 보이지 않던 구조물이 나타난 것은 대표적인 사례이다. 또 서울 근교의 별장이나 왕실 사당 등에도 부분적으로 벽돌벽이 지어졌다. 이럴 때 종종 측벽에는 원형창을 내는 등 벽돌에 의해서 가능한 새로운 의장이 나타나기도 했다.

그러나 벽돌은 더 이상의 발전이나 확산을 이루지 못하였다. 무엇보다 민간에서 스스로 벽돌을 구워 집을 지을 수 있는 여건이 마련되지 못하였다. 벽돌 가마는 개인의 힘으로는 만들기 어려운 것이고 여러 사람이 공동으로 제작하거나 나라에서 가마 제작을 지원하지 않으면 이루어내기 어려운 것인데 19세기의 사회 여건이나 관리들의 의식 수준이 여

사진 9. 수원 화성의 봉돈

기에 미치지 못하였다. 결국 벽돌은 왕실이나 서울 주변의 특권층에 한정되고 말았고 더 이상의 확대 보편화를 이루지 못하고 말았던 것이다. 그러다가 19세기 말 서양 문물이 들어오면서 벽돌은 외국의 제조기법에 따라 외국인의 손에 의해 우리 땅에 지어지고 확산되기에 이른 것이다.

2
도시와 성곽

1. 도성 한양의 건설

조선왕조가 건국되고 벌어진 첫 번째 큰 사업은 도성을 옮기는 일이었다. 고려왕조의 녹을 먹었던 사람들이 뿌리를 내리고 있는 개경을 떠나 새로운 곳에 수도를 세우는 일은 새 왕조의 당면한 과제였다고 생각된다. 이 사업은 태조 이성계와, 역성혁명을 함께 도모한 측근의 몇 사람들에 의해 추진되었다.

천도에서 가장 어려운 일은 새 도읍 터를 고르는 일이었다. 여러 곳이 후보지로 떠올랐고 어떤 곳은 도읍 터로 정해져서 공사를 벌이다가 그만 두기도 하는 등 우여곡절 끝에 최종적으로 옛 남경이 있던 한양이 새 도읍으로 선정되었다. 도읍 터를 고를 때 중요한 조건이 된 것은 큰 물길을 끼고 있고 주변 산세가 알맞으며, 터가 적당한 넓이를 가져야 하는 것이었다. 처음에는 계룡산을 후보지로 잡았으나 반도의 서남쪽에 치우쳐 있고 산세가 좋지 않다는 의견 때문에 포기했고 무악은 터가 좁은 것이 흠이 되었다. 한양도 서북방향이 낮고 물이 적다는 결점이 지적되었지만 왕이 결단을 내려 도읍으로 정했다.

한양은 한반도의 거의 중심부에 위치하고 있고 도읍 남쪽으로 한강의 큰 강물이 흐른다. 따라서 그 위치는 전국을 다스리는 중심으로 적합하고 한강의 물길을 통해 물자나 사람의 운행이 쉽게 연결될 수 있는 커다란 이점을 안고 있다. 도읍이 자리잡은 곳은 사방이 산으로 둘러싸인 곳이었다. 북쪽에 백악, 동쪽은 낙타산, 서쪽은 인왕산이 자리잡고 있고 남쪽에 목멱산이 있다. 서북쪽 백악의 골짜기에서 흐르는 물은 도읍 중심부를 관통하면서 동쪽으로 빠져나가 한강으로 이어진다. 이것은 산세에 의존해서 삶의 터전을 마련하고자 했던 전통적인 지리관에 따른 결과였다.

도읍을 개성에서 한양으로 옮기기로 결정한 것은 태조가 왕위에 오르고 만 2년이 조금 지난 1394년 8월이었다. 그리고 두 달 후인 그 해 10월 25일에는 전격적으로 한양 천도를 감행하였다. 천도 문제는 시일을 끌다 보면 반대 의견이 생겨나게 마련이기 때문으로 풀이된다. 아직 궁궐도 갖추어지지 않았기 때문에 왕은 옛 한양부의 객사 건물을 임시 궁전으로 삼았다.

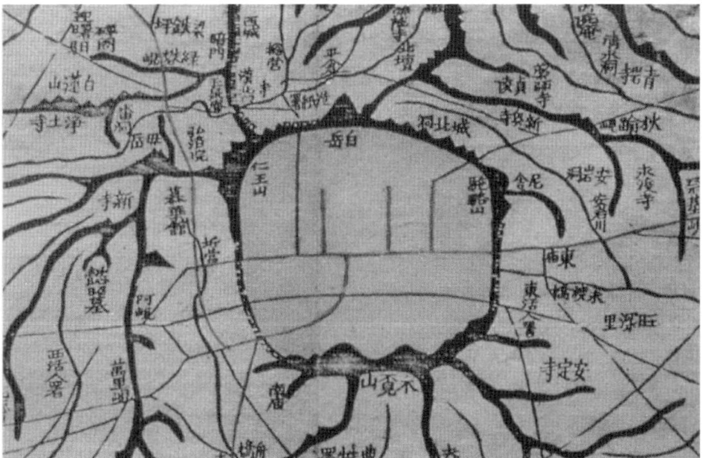

그림 4. 산으로 둘러싸인 도성(「경조오부도」 1861)

천도를 결정하고 얼마 지나지 않아서 새 도읍의 건설본부로 신도궁궐 조성도감이 설치되고 며칠 뒤에 정도전을 비롯한 건설 책임자 몇 사람이 도읍 터에 가서 종묘, 사직, 궁궐, 시장 및 도로의 터를 정하였다. 궁궐은 전에 남경 궁궐이 있던 터의 남쪽에 백악을 뒤로 해서 남향한 평탄하고 넓은 자리로 정하고 그 서쪽 인왕산 아래 사직단을 세우고 동편 2리 되는 곳에 응봉을 주산으로 해서 남향한 곳에 종묘 터를 잡았다. 이렇게 해서 궁궐을 가운데 두고 왼쪽에 종묘, 오른쪽에 사직단이 자리잡는 기본 골격이 마련되었다.

궁궐과 종묘, 사직이 완성된 다음에는 도성 주변을 감싸는 성곽을 쌓았다. 성벽은 백악의 정상에서 동서로 낙산과 인왕산 정상으로 이어지고 남쪽으로 길게 뻗어서 목멱산 정상으로 연결되는 전체 길이 약 16km의 불규칙한 형태였다. 성벽에는 여덟 군데 성문이 마련되었다. 이 여덟 군데 성문은 명목상으로는 전국 팔방에 왕의 다스림이 뻗친다는 점을 상징해서 마련된 것으로 보인다. 그러나 한양은 사방에 산이 가로막고 있는 곳이므로 실제 8방에 성문을 내는 것은 어려운 일이었다. 결국 정남문인 숭례문은 목멱산 정상을 피해 남서쪽 낮은 곳에 치우치게 되고 정북방의 숙정문은 백악 높은 곳에 문만 만들어 놓고 실제로는 문을 걸어 잠가 놓았다.

동대문과 서대문을 잇는 동서가로가 도성의 중심 대로를 이루었다. 또 하나의 대로는 도성 한복판인 종루에서 남대문으로 연결되는 구부러진 도로였다. 나머지 도로들은 특별히 인위적으로 조성했다기보다는 지형 조건과 물길이 흐르는 데 따라서 자연스러운 형태를 이루었다. 종루를 중심으로 동서대로와 남대문으로 연결되는 또 다른 대로 주변에는 태종 때 장랑이라고 부르는 상점 건물이 조성되었다. 장랑은 주로 관청에 물건을 납부하거나 도성에 사는 주민들의 생활 필수품을 판매하는 곳이었다.

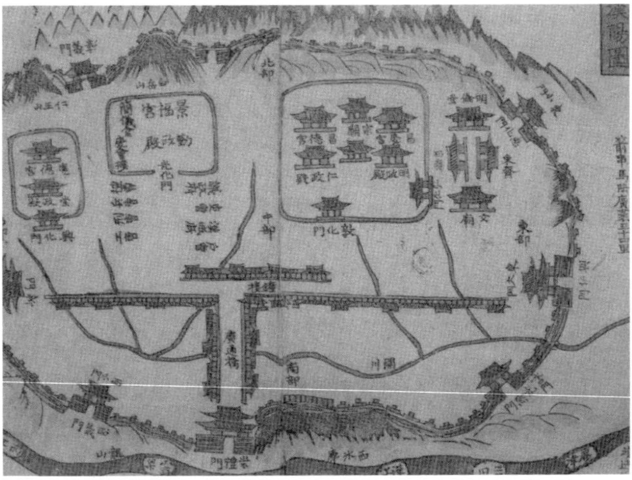

그림 5. 도성의 가로 구성 모습(「한양도」 영조연간)

조선 초기에 와서 갖추어진 한양의 도시적인 특징은, 첫째 산으로 둘러싸인 지형, 둘째 주산을 배경으로 궁궐을 두고 그 좌우에 종묘와 사직단을 둔 배치, 셋째 동서로 관통하는 대로와 종루에서 남문으로 잇는 또 다른 대로 외에는 지형에 따른 불규칙한 도로 구성, 넷째 산등성이를 연결한 불규칙한 성곽과 지형에 순응해서 위치를 정한 여덟 군데의 성문으로 요약될 수 있다.

이런 특징이 조성된 바탕에는 유교적인 예의 개념에 입각한 이상적 도성관과 풍수설로 대변되는 전통적인 지리관이 깔려 있었다.

중국을 비롯한 유교 문화권에서 하나의 이상적 모범으로 삼았던 경전 중에 『주례(周禮)』가 있다. 동아시아 사람들은 인류 문명이 시대가 흐르면서 발전하는 것이라고 믿지 않고 먼 과거에 인류의 이상적인 시대가 있었다고 생각했다. 요, 순 황제시대는 최고의 선이 가능했던 때이고 주나라는 사람 사이의 예의범절이 지켜진 마지막 시대로 보았다. 『주례』는 주나라 때 작성된 예의범절의 경전으로 알려졌으며 이 경전 내용을 따르는 것을 바람직한 목표로 삼았다. 그러나 『주례』의 내용은 개념이 불분명하고, 또 후대 사회에 그대로 적용하기 어려운 구절이 많았다. 수많은 『주례』 경전의 해설판이 나돌았고 혼란은 더 가중되었다.

나라를 세우고 도성을 건설하는 문제에 대해서 『주례』 여섯 번째 권인 「고공기(考工記)」에는 "장인이 나라 도성을 건설하는 데는, 9리 사방에, 한 측면마다 3문을 내고, 종묘를 왼쪽에 사직을 오른쪽에 두고 조정은 면하고 시장은 뒤에 둔다〔匠人營國, 方九里, 旁三門, 左祖右社, 面朝後市〕"는 구절이 있다. 실제로 이런 규모로 도성을 건설한 사례가 있는지는 잘 알려져 있지 않지만, 적어도 종묘를 왼쪽에, 사직단을 오른쪽에 둔다는 문구는 후대 대부분의 도성에서 그대로 준용되었다. 한양의 경우에도 종묘와 사직의 위치는 『주례』「고공기」의 내용을 그대로 따라서 궁궐의 좌우에 배치했다.

그러나 실제 종묘나 사직단의 위치를 보면 궁궐의 좌우에 대칭으로 놓여 있는 것은 아니었다. 궁궐 자체도 도성의 중심에 있는 것이 아니고 서북쪽 뒤쪽에 치우쳐 놓였다. 이것은 백악 자체가 도성 정북방에 있지 않고 서북쪽에 치우쳤기 때문이다. 종묘와 사직이 대칭되는 위치에 놓이지 않은 것도 지형 조건이 이미 불규칙한 상태였기 때문으로 풀이된다. 성벽의 불규칙한 모습이나 성문의 여덟 방위와 어긋난 배열 역시 산으로 둘러싸인 지형 조건에서 비롯된 것이다. 무엇보다 도성 내 도로의 구성이 두셋 간선도로를 제외하고 불규칙하게 자연발생적으로 이루어진 것도 지형 조건에 순응한 결과이다.

이처럼 한양의 도성이 이념적으로는 고대 중국의 이상적 도성관을 염두에 두면서도 현실적으로는 토착적인 지리관에 따라서 독특한 구성을 한 것은 한양에서 처음 시도한 것이 아니고 고려시대 도성의 구성방식을 답습한 결과였다.

한양의 지형 조건은 개경과 거의 흡사하다. 개경 역시 사방이 산으로 둘러싸이고 도성 안을 흐르는 물이 서쪽에서 흘러내려 도성 중앙을 지나 동쪽으로 흘러 나간다. 성벽은 역시 사방의 산 정상을 이어가면서 길게 불규칙한 형상을 이룬다. 궁궐의 위치 역시 한양과 마찬가지로 서북쪽에 치우친 송악산 아래 남향해 있다. 종묘와 사직단의 위치는 정확히 궁궐의 좌우는 아니지만 거의 비슷한 관계를 갖는다. 성내 간선도로 역시 동문과 서문을 잇는 대로가 간선을 이루고 이와 별도로 궁궐 앞 궁성문에서 또 하나의 대로가 남문으로 이어진다. 이 간선 대로변에 행랑을 설치해서 관영 상점가를 조성한 것도 한양과 같다. 결국 한양의 도시 구성은 전 왕조인 개경의 입지 조건과 구조를 그대로 답습한 것임을 알 수 있다.

2. 획일화되는 지방 도시

조선시대에 와서 한 가지 확실히 정착한 것 중에 하나로 중앙 왕권이 지방을 철저히 통솔하게 된 점을 든다. 강력한 중앙집권체제를 효과적으로 구축해서 지방의 자치권을 인정하지 않고 모든 행정이 왕의 명령에 의해 일관성을 갖도록 한 것이다. 이것을 실현하는 데 유교 이념이 크게 작용하였음은 물론이다. 국왕을 정점으로 한 중앙집권체제 속에서 나타난 현상은 전국 모든 지방 도시들이 서울인 도성을 정점으로 획일화된 점이다. 조선시대에 도시는 왕의 명령을 집행하는 중요한 행정 거점이었으므로 이들 지방 도시를 획일적으로 재편성하는 것은 중앙집권체제를 유지라는 중요한 관건이었기 때문이다.

지리지의 편찬은 이러한 지방 지배를 고착시키고 확인하는 중요한 수단이었다. 조선시대의 본격적인 지리지 편찬은 세종 때 『세종실록』 지리지로 시작되었고 성종 때 『동국여지승람』의 간행으로 완성되었다. 이런 지리지의 편찬 사실은 세종에서 성종조에 이르는 기간에 전국 지방 도시가 어느 정도 정부의 의도대로 재편되었음을 반영한다.

『동국여지승람』에 의하면 성종 때 전국 읍치 즉 지방 도시는 모두 330군데였다. 승람의 내용을 보면 이 많은 읍치들이 하나같이 모두 일정한 건물을 갖추고 있었던 것으로 되어 있다. 즉 읍치 내에는 객사와 향교, 사직단과 여단 및 성황단이 어느 고을이나 설치되어 있는 것이다. 객사는 고을 수령이 서울의 대궐을 향해서 망궐례를 행하는 곳이다. 따라서 이 건물은 어느 고을에나 가장 으뜸되는 형식으로 고을 중심부에 지어졌다. 향교는 공자의 위패를 모시고 제사지내는 문묘와 지방 학생들에게 유교의 경전을 교육하는 학교 시설이다. 향교를 세움으로써 전국 고을에 유교의 가르침이 퍼질 수 있는 것이므로 조선왕조가 각별히 중요시한 건물이다. 이 밖에 제사지내는 중요한 건물이 사직단과 떠돌아다니는 혼령을 위로하는 여단 그리고 토지와 마을을 지키는 서낭신을 모신 성황단이다. 이 건물들은 국왕이나 공자의 혼령, 그리고 지방 고을과 관련한 각종 신령에게 예의를 표하는 것들이며 결국은 유교의 예의와 관련한 시설들이다. 즉 조선 초기에 와서 지방 모든 도시에 객사나 향교, 성황단을 설치함으로써 지방 도시를 예의 시설로 획일화시켰던 것이다.

객사나 향교, 사직단과 같은 시설들은 고려시대에도 없었던 것은 아니다. 그러나 고려시대까지는 몇몇 중요한 대도시에만 이런 시설들이 갖추어져 있었고 아마도 그 형태도 각 고을의 여건에 따라 다양한 모습이었던 것으로 보인다. 그러던 것이 조선 초기에 와서 전국에 일률적으로 같은 시설들이 조성되었고 그 건물 형태도 나라에서 표준적인 모습을 정해서 전국 도시에 획일적으로 적용하도록 이끌어 간 것이다.

이처럼 조선 초기에 나라에서는 유교적인 통치 이념에 입각해서 전국 도시를 획일적으로 재편하고자 했고 그 성과는 어느 정도는 달성되었던 것으로 보인다. 그러나 지방의 도시란 것은 곳에 따라 풍토가 다르고 모여 사는 사람들이 다르고 또 오랜 기간 동안 제각각 사는 방식에 따라 저마다 다른 모습으로 형성되어 왔다. 따라서 어느 순간에 나라의 명령으로 모든 도시가 한결같아질 수는 없는 것이 당연한 일이었다. 결국 조선시대 지방 도시는 각각의 고유한 도시 모습 위에 유교적 이념에 의해 획일화된 원칙 아래 재편되는 과정을 거치게 된 것이다. 이처럼 내부에는 지역의 특성을 간직한 고유한 요소가 자리잡고 있고 외부의 영향으로 획일적인 새로운 틀을 수용한 점에서 조선시대 지방 도시의 특성을 찾을 수 있을 것이다.

조선시대 지방 도시의 가장 전형적인 모습을 지금까지 잘 남기고 있는 사례로 전남 승주군의 낙안현을 들 수 있다. 낙안현은 조선시대에는 한반도 남쪽 해안 가까이 위치한 중요한 고을이었다. 20세기에 들어와 바닷가 벌교가 교통 중심이 되자, 인구가 줄고 경제가 위축되면서 고을의 옛 모습이 고스란히 살아 남은 특별한 곳이다. 평탄한 자리에 네모난 성곽을 쌓고 동문과 서문을 관통하는 동서도로가 읍내의 주요 가로가 되고 이 도로 북쪽에 객사를 비롯해서 관청이나 창고 등 관청 시설이 자리잡는다. 동서 대로 남쪽으로 시장을 비롯해서 일반 주민들의 살림집들이 불규칙하게 모여 있고 도로 가운데에서 남쪽으로 또 하나의 중심 도로가 나서 남문으로 이어진다. 따라서 중심 도로는 기본적으로 T자형을 이루고 있다. 향교와 사직단, 성황단은 모두 읍성 밖에 자리잡고 있다. 향교가 읍성 동남 쪽에 있고 사직단이 서쪽, 여단과 성황단은 각각 북쪽에 있다. 조선시대 지방의 많은 소규모 도시들이 낙안과 유사한 구성을 하고 있었던 것으로 보이며 이것이 하나의 기본적인 모습을 이루고 있었다고 생각된다.

반면 오랜 역사를 지닌 도시에서는 반드시 낙안과 같은 구성을 하지는 않았다. 전주는 삼국시대 이전부터 큰 고을로 자리잡은 곳이다. 넓고 평탄한 곳에 자리잡은 전주의 가장 큰 특징은 도시 가로가 바둑판 모양

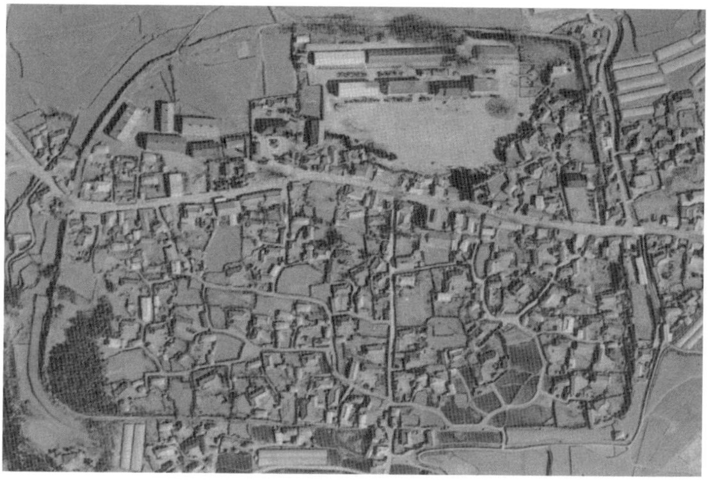

사진 10. 하늘에서 본 낙안 읍성

으로 일정한 간격을 두고 직각으로 교차하는 점이다. 이처럼 가로가 직교하는 것은 신라 때 도성이었던 경주에서 발견되는 특징이며 남원이나 상주 같은 다른 도시에서도 부분적으로 발견된다. 전주의 직교 가로 역시 그 기원이 매우 오랜 것으로 짐작된다. 그런데 조선시대에 들어와서 전주의 가장 중심부에는 남북을 관통하는 중심 가로의 한가운데를 가로막고 커다란 객사 건물이 들어섰다. 그 결과 과거 동서남북으로 소통되던 가로는 한가운데 와서 끊어지게 되고 객사를 중심으로 T자형의 가로가 조성되게 되었다. T자형의 가로는 도성 한양이나 지방 도시의 가로에서도 기본이 되는 방식이었는데 이런 방식이 객사의 조성에 따라 전주에서도 갖추어지게 된 것으로 짐작된다.

가로뿐이 아니고 지방 도시에 지어지는 건물도 획일적인 성격을 가졌다. 객사는 획일화의 가장 대표적인 건물이다. 객사는 고을 수령이 망궐례를 하고 또 공무를 보기 위해 고을에 들르는 관리들을 접대하고 숙소로 이용하는 데 쓰였다. 따라서 객사 건물의 망궐례를 하는 정청과 숙소

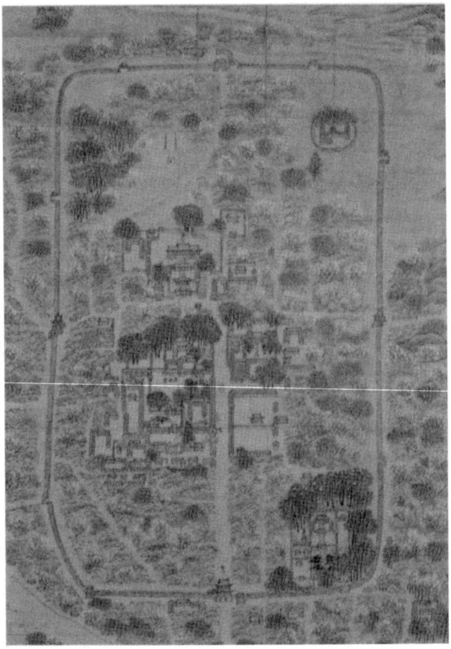

그림 6. 전주부성 그림(「전주지도」 규장각 소장)

로 쓰는 익사로 구성되는데 이 때 정청은 중앙에 두고 익사는 정청의 좌우에 나란히 배열하는 것이 원칙이었으며 정청 지붕은 좌우 익사보다 한 단 높이는 것이 기본이었다. 이런 원칙은 전국 330여 군데 모든 읍치에서 동일하게 적용되었다. 지금 남아 있는 대표적인 객사 건물로는 경기도 과천과 평택의 객사, 충청도 문의 객사, 부여 객사, 전라도 무장 객사, 낙안 객사, 경상도 거제 객사, 청도 객사 등이 있고 최근 상주, 고창 등에서 객사를 복원하였다. 이 건물들이 한결같이 가운데 정청이 있고 좌우에 동익사와 서익사가 놓이고 정청 지붕은 좌우 익사보다 한 단 높은 모습을 보이고 있다.

향교나 사직단도 각기 일정한 원칙 아래 조성되었다. 특히 사직단이

사진 11. 낙안 읍성 객사 전경

나 여단은 단의 형태는 물론 크기나 높이까지 모두 일정한 형식에 맞추어 규정대로 조성되었다.

객사나 사직단이 모두 획일적인 원칙 아래 조성된 데 비해서 지방 도시의 고유한 특색이 드러나는 건물로는 고을 경치 좋은 곳에 세우는 누각이 있었다. 이런 누각은 고을 수령이 공무에서 벗어나 휴식을 취하는 데 이용하기도 하고 외부의 손님이나 고을 유지들을 접대하는 장소로 쓰였다. 따라서 그 건축 형태는 주변의 자연 특성에 알맞은 다양한 모습으로 지어졌다. 삼척의 죽서루, 밀양의 영남루, 진주의 촉석루는 고려시대부터 유명한 누각이었으며 조선시대에 들어와서도 태인 피향정, 함양 학사루, 안의 광풍루 등 수많은 누각과 정자들이 도시 한복판에 자리잡고 있었다.

죽서루는 오십천 큰 물이 흐르는 바로 곁 바위 위에 지형 조건에 맞추어 높이가 서로 다른 기둥들이 서고 그 위에 정면 7간의 장대한 누각이 세워져 있다. 본래 5간이던 것을 나중에 양쪽으로 한 간씩 덧달아 내었

사진 12. 삼척 죽서루 전경

그림 7. 죽서루 전경 그림(겸제 「죽서루도」 부분)

는데 바위의 불규칙한 지형에 맞추어 기둥 위치를 적절히 변형시키는 여유를 갖추었다. 영남루 역시 큰 강물이 내려다보이는 빼어난 곳에 장대한 누각을 세워 경관에 알맞은 건축의 아름다움을 잘 살려내고 있다. 이런 누각에는 유명한 시인들이 건물에 들러 주변 경관의 아름다움을 노래한 시들이 가득 걸려 있게 마련이다. 자연과 건축과 시의 아름다움이 한데 모여 있는 곳이 바로 이런 이름난 누각인 것이다.

3. 읍성과 산성의 축조

도성을 비롯해서 지방 도시들은 나라를 다스리는 중요한 거점들이었다. 따라서 이런 도시 외곽에는 성벽을 쌓아 도시를 지키는 것이 보통이었다. 지방 도시에서 도시 외곽을 감싸는 성곽을 가리켜 읍성이라고 불렀다. 왕이 있는 도읍의 성곽은 읍성과 구분해서 도성이라고 했다. 이들 성곽 외에 조선시대에는 도성과 각 읍성 주변 험준한 산에 산성을 별도로 갖추고 있는 곳이 많았다. 도성이나 읍성은 평상시 주민들이 거처하는 곳이고 산성은 유사시 적의 침공에 대비한 성곽이었다.

읍성과 산성을 두어 평상시 거주하는 곳과 유사시를 대비한 장소를 마련하는 것은 한민족의 전통적인 성곽 축조방식이었다. 이것은 주변에 강대한 외적의 위협이 항시 존재하고 있는 지리 여건에서 산이 많은 한반도의 지형 조건을 활용해서 적의 침입에 대비해 온 오랜 경험의 산물이었다. 읍성과 산성의 축조는 삼국시대 이전부터 나타나서 조선시대로 이어져 왔다.

도성인 한양의 경우, 태조 5년(1396)에 성곽이 처음 축조되었다. 이때는 많은 부분을 흙으로 쌓고 일부는 돌로 축조하였으며, 성벽 축조와 함께 여덟 군데 성문을 냈다. 성곽은 서둘러 쌓았기 때문에 곧 무너지는 곳이 생겼고 이후 여러 차례 수리를 하지 않으면 안 되었다. 결국 세종

4년(1422)에 전면적으로 개축하는 큰 공사를 했다. 이 때는 모든 성벽을 돌로 쌓았다. 이후 18세기 초인 숙종 30년(1704)에 와서 부분적인 수축공사를 했다. 성벽은 높은 곳은 약 6m 정도, 낮은 곳은 4m 정도 되었으며 성벽 위에 군사들이 몸을 숨기면서 적을 감시하거나 공격할 수 있는 여담〔女墻〕을 쌓았다. 성벽은 기본적으로 산세를 의존하는 것이었기 때문에 성벽을 안팎으로 다 쌓는 협축(夾築)이 아니고 바깥 쪽으로만 성벽을 쌓고 안쪽은 흙을 성벽 높이만큼 채우고 그 위에 여담을 쌓는 소위 내탁(內托) 방식으로 하였다.

도성의 성곽은 지형 조건에 맞추어 성벽을 길게 쌓고 그 위에 여담을 설치한 것 외에는 특별히 다른 방어 시설을 갖추지는 않았다. 성벽의 높이도 적의 칩입을 막을 수 있는 충분한 높이라고는 보기 어렵다. 따라서 도성의 성곽은 왕이 거처하는 도성을 방어하고 또 평상시 주민들의 도성 출입을 통제하는 목적을 주로 하였고 적의 침입시에 적극적으로 이곳에서 전쟁을 치르려는 의지는 적었다고 판단된다.

현재 도성의 성곽은 서울 성곽으로 호칭되고 있으며 도심부 지역을 제외한 산등성이 쪽에 많은 부분이 남아 있고 일부는 최근 복원되었다. 남아 있는 성벽을 보면, 태조 때의 축성 부분과 세종 때 개축 부분, 숙종 때의 수리 부분이 명확히 구분되어 시대적인 축성술의 변화를 잘 보여 준다. 성문 가운데는 남대문과 동대문이 잘 남아 있다. 남대문은 세종 때 다시 지은 건물이고 동대문은 19세기 고종 때 개축한 것인데 두 성문은 기본 형태는 유사하지만 2층 문루는 각기 15세기의 건축기법과 19세기의 기법을 대조적으로 보여 주는 점에서 흥미롭다.

남대문의 경우 잘 다듬은 네모난 장대석으로 석축을 쌓고 가운데 한 개의 큰 홍예문을 냈다. 이 석축은 양쪽에 성벽이 그대로 이어지도록 되어 있었으나 20세기 초 도로 소통을 목적으로 절단되어 사다리꼴로 남아 있다. 석축 위에 세워진 누각은 2층 지붕에 우진각지붕을 덮은 다포식 건물이다. 지붕은 사대문만이 팔작지붕이 아니고 우진각지붕으로 했는데 그만큼 도성 성문으로서의 격식을 높였다. 남대문의 다포식 공포는 조선 초기의 가장 전형적인 공포기법을 보여 주는 중요한 사례이다. 안과 밖의 출목수가 모두 3출목으로 같은 점도 이 시대의 특징을 보여주며, 쇠서가 강직하게 밑으로 처진 모습이나 보머리 즉 대들보 끝 부분이 밖으로 돌출된 곳이 삼단으로 잘려진 가공수법도 조선 초기 다포의 전형적인 수법이다.

남대문이 전형적인 15세기 다포식 건물의 세부 모습을 간직한 좋은 사례라면, 동대문은 19세기에 와서 목조건물이 전반적으로 섬세하게 변하고 곡선의 장식 처리가 늘어나는 현상을 잘 대변해 준다.

도성의 경우 처음에는 주변에 따로 산성을 쌓지 않고 유사시에 멀리 안전한 곳으로 피난하는 데 그쳤으나 17세기에 들어와서 산성을 쌓았다. 인조 2년(1624)에 도성 남쪽에 남한산성이 조성되고 다시 숙종 38년(1712)에는 도성 북쪽 북한산에 산성을 한 군데 더 축조하였다. 두 산

사진 13. 서울 남대문 전경

성은 왕의 피신을 염두에 둔 것이었기 때문에 각 산성 안에는 왕이 머물 행궁이 조성되고 충분한 식량을 비축할 창고와 군사들이 거처할 군영 등이 조성되었다. 남한산성은 평상시의 관리와 주민 거주를 위해서 광주부의 읍치를 산성으로 옮겼다. 두 산성에는 험준한 지세를 살려 지형에 따라 돌로 쌓은 성벽이 축조되고 성문 외에 비밀 통로인 암문이나 군사 지휘소인 장대 등이 건설되었다. 특히 남한산성의 경우는 성벽 바깥에도 적에게 점거당하면 불리할 만한 요충지마다 별도의 성벽을 이중으로 쌓았고 이를 옹성(甕城)이라고 불렀다. 다섯 군데 옹성 중에 제2남옹성은 탁 트인 전망을 갖춘 곳에 긴 자루 모양의 성벽을 쌓고 가운데 아치를 튼 홍예문을 하나 더 내고 일곱 개의 대포 쏘는 구멍을 갖춘 장대한 것이었다.

지방 도시의 읍성은 300여 군데 모든 읍에 갖춘 것은 아니고 행정상 중요한 읍이나 해안가 또는 국경 지역에 주로 설치하였다. 특히 전라도와 충청도 해안가 그리고 경상도 남부 해안가 읍치에 많은 읍성이 조성되었다. 읍성은 전주, 대구, 남원 같이 평탄한 곳의 대도시는 대개 네모난 형태로 성벽을 쌓았고, 산에 의존한 도시에서는 산등성이를 따라 불규칙한 형태로 성벽을 쌓는 것이 일반적이었다. 당초에는 흙으로 성벽을 쌓는 토성도 많았지만 17세기 후반 이후 대부분 석성으로 개조되었다.

읍성 가운데 현재까지 그 윤곽이 남아 있는 곳은 전라도 낙안 읍성과 고창 읍성, 충청도 해미 읍성과 홍성 읍성, 경상도 언양 읍성이 있고 사천 읍성이나 거제도 웅천 읍성도 성벽이 많이 남아 있는 편이다. 형태로 보아 언양 읍성이 협축에 의한 완연한 방형 성곽이며, 고창 읍성은 주민들의 거주 구역이 성문 밖으로 형성되고 성곽 안은 관청이나 군사 시설 등이 집중된 이례적인 모습이다.

읍성 성문 중에는 전주 풍남문이나 홍성 조양문 등 여러 곳에 성문이 잔존해 있다. 풍남문은 옹성을 갖춘 2층의 팔작지붕 건물이며 성문에서

사진 14. 전주 풍남문 전경

도심부로 이어지는 도로는 아직도 과거 조선시대 도로의 윤곽을 지키고 있다. 이들 성문은 도시화가 진전되고 있는 지방 도시내에서 도시의 역사를 전해 주고 고유한 도시 경관을 형성하는 중요한 부분들이다.

지방에서는 이미 고려 말 왜구의 침입이 극성을 부릴 때 많은 산성이 조성되어 있었다. 산성은 웬만한 큰 도시 주변에는 거의 빠짐 없이 갖추어져 있었다. 많은 산성은 삼국시대부터 있었던 것들이며 그후 지속적으로 보수되었고, 특히 임진왜란을 겪고 나서 전면적인 수리가 이루어졌다. 현재 남아 있는 산성의 대부분은 이 때 수리한 것이다. 그 중에 남한 지역에서 이름난 곳을 꼽는다면, 동래 금정산성, 대구 가산산성, 담양 금성산성, 남원 교룡산성, 전주 위봉산성, 충주 덕주산성, 보은 삼년산성, 청주 상당산성, 죽산 죽주산성, 수원 독성산성, 고양 행주산성이 있다. 이들 산성은 모두 험준한 산세를 이용하면서 지세를 따라 길게 성벽을 쌓고 성 안에는 주변을 감시할 수 있는 망루나 장대를 쌓고 우물 등을 갖추었다.

성곽을 쌓는 축성기술은 혁신적인 변화는 없었지만 사회 전반의 변화에 맞추어 조금씩 달라졌다. 또 임진왜란 등 외국과의 전쟁을 겪으면서 부분적인 개선도 이루어졌다. 성곽에서 시간적인 차이에 따라 나타나는 가장 두드러진 변화는 성벽 축조 기술의 진전이었다. 구체적인 사례를 15세기 세종 때 쌓은 도성의 성벽, 17세기 남한산성의 성벽, 그리고 18세기 숙종 때 쌓은 도성과 북한산성의 성벽에서 확인할 수 있다.

세종 때 도성의 성벽은 하단부에 길이 2m 내지 3m 되는 큰 돌을 거칠게 다듬어서 쌓고 중단 이상으로 가면서는 현저하게 크기가 줄어든 작은 돌을 가지런히 줄을 맞추어 쌓는 방식을 취하였다. 하단부 석재 중 일부는 태조 때 처음 성곽을 쌓을 때 축조된 부분도 섞여 있다. 이 때는 전국에서 30만 명이 넘는 백성을 강제로 동원해서 단기간에 성벽을 쌓는 것이었는데 돌을 가공하는 기술이 없는 일반 백성을 대량 투입해서 효과적으로 성벽을 쌓는 데 가장 적합한 방식이었다고 짐작된다. 남한산성의 경우는 전국에서 승려들이 동원되어 축성작업을 하였다. 그 축조기법은 세종 때 도성 성벽과 거의 유사하다. 하단부는 큰 돌을 쌓고 상부는 작은 돌을 줄맞추어 쌓는 방식은 동일하며 다만 하단부 석재 크기가 조금 작아졌을 뿐이다. 남한산성에서는 일부 구간에서 일반 성벽과 전혀 다른 축조방식이 보이기도 한다. 제2남옹성 진입부의 경우 부정형의 거칠게 다듬은 대형 석재를 쌓아 올리고 그 틈 사이에 아주 작은 돌을 촘촘히 채운 곳이 있는데 마치 영주 부석사의 석축을 연상시키는 기법이다. 전국에서 승려들을 동원하였기 때문에 담당한 구역에 따라 지방의 독특한 석축기법이 반영된 것으로 생각되어 흥미를 끈다.

석축기법은 숙종조에 들어와서 확연히 달라졌다. 1704년에 개축된 도성 성벽은 초기 도성이나 남한산성과 달리 일정한 크기의 네모 반듯하게 잘 다듬은 석재들을 줄맞추어 쌓았다. 간혹 석재의 크기가 달라서 줄이 어긋나는 경우 돌과 돌이 서로 이를 물도록 해서 마찰력을 높였다. 8

사진 15. 서울 성곽(세종 때 축성 부분)

사진 16. 북한산성의 성벽

년 뒤에 쌓은 북한산성에서는 이런 기법이 험준한 산에서도 그대로 재현되었다. 숙종 때 들어오면 다른 대부분의 단순 노동에서와 마찬가지로 축성공사에서도 부역노동은 사라지고 노임을 지급하는 방식이 자리잡고 있었다. 거칠게 다듬은 불규칙한 크기의 큰 돌을 쌓던 성벽이 일정한 규격의 네모난 돌을 가지런히 쌓는 방식으로 변한 데에는 바로 이런 공사방식이 바탕에 있었다. 이런 기법은 지방으로 확산되어 청주 상당산성이나 기타 18세기에 개축된 성벽으로 이어졌다.

임진왜란은 조선의 성곽에 대한 반성의 계기가 되었다. 전쟁중 영의정을 지냈던 유성룡은 뒤에 『징비록』을 저술하면서 조선의 성곽에 치성이나 포루를 갖추고 여담에는 경사진 구멍을 뚫는 현안을 설치할 것 등을 제안하였다. 다른 여러 학자들도 치성이나 포루, 옹성의 장점을 강조하고 그 밖에 중국의 성곽을 참조한 성곽 강화안을 제시하였다. 17세기 이후 지방 읍성이 개축되는 과정에서 이러한 제안들은 일부지만 반영되었다. 특히 치성과 포루는 여러 읍성에 도입되었다. 왜란중 일본에서 포로 생활을 했던 강항은 왜인들이 산 높은 곳에 성을 쌓고 성벽은 밑을 넓게 잡고 위를 좁게 하여 기어 오르지 못하게 하였으며 호를 깊이 파서 쉽게 접근할 수 없도록 했다는 점을 강조한 바 있는데 선조는 선조 30년에 함경도 지방에 왜성을 잘 아는 사람을 보내서 성벽을 짓도록 명하기도 하였다. 함경도 경성 읍성은 그 성벽 구조가 왜성과 흡사한 안으로 굽은 곡면을 이루고 있는데 아마도 이 때 와서 개축된 결과가 아닌가 추측된다.

4. 18세기 도시의 발전

성곽으로 둘러싸이고 주로 행정 기능에 치중되어 있던 도시들은 적어도 조선 중기까지는 활기를 잃고 침체된 상태에 있었다. 지방 도시에는 관청들만 큰 규모로 들어서 있었고 일반 주민들의 살림집은 영세한 규모의 초가집이 늘어서 있는 정도였다. 도성은 장대한 궁궐이 있고 큰 관청 건물들이 늘어섰으며, 고급 관리들의 큰 주택들이 있었지만 여기에도 도시의 활기찬 모습은 찾아보기 어려웠다고 생각된다. 이런 도시 분위기에 변화가 나타난 것이 18세기였다. 그 원동력은 이 때부터 활발해지기 시작한 상업 활동이었다. 상품 유통이 늘어나고 상인이 모여 들고 가로에 상점들이 늘어서면서 도시는 전에 없던 활기를 갖게 되었다.

조선 중기까지 도성의 기능은 행정과 군사적인 데 치중되어 있었다. 도성 안에는 각종 제사 시설이 자리잡고 있었고 성내 요지마다 큰 관청이 들어서 있었다. 대신 도시에 생활의 활기를 불어넣을 수 있는 유희시설은 아주 드물었다. 또 도시 경관에 변화나 화려함을 안겨 줄 수 있는 불교 사찰도 거의 없었다. 성내 사찰로는 왕조 초기의 흥천사와 원각사가 대표적이었지만 이런 절들도 15세기 말에는 모두 사라졌다. 상업활동 역시 극히 제한되어 있었기 때문에 상업적인 번성함도 찾아보기 어려웠다. 조선 중기까지의 한양은 행정 기능과 국가의 제사 의식에 치중된 침체된 도시였다고 생각된다. 도시에 거주하는 주민들도 관리들이 주류를 이루고 있어서 상인들의 존재가 부각되거나 지배 계층이 크게 소비생활을 영위하는 양상은 나타나지 않았다고 생각된다. 역사적인 개념으로 본다면 이 시기 한양은 행정적인 기능에 머물러 있는 중세적인 도시였다고 정의할 수 있다.

이런 성격은 지방 도시에서도 마찬가지였다. 지방 도시에서는 도성보다 더 침체되고 경직된 행정 위주의 도시생활이 전개되었다.

지방 도시는 도시 규모나 중요도에 따라 부, 목, 군, 현으로 등급을 정했다. 각 등급은 장관의 지위에 차등을 주었고 행정적으로는 상하의 지휘 관계를 갖고 있었다. 그러나 각 도시의 형태나 기능에서는 큰 차이가 없었다. 모든 도시들이 단묘의 제사와 관할 지역의 행정 기능에 치중되어 있었다. 객사나 관청, 향교 외에 향청, 이방청, 창고, 군영 등 주로 관청 건물들이 도시 중심부를 차지하고 있었고 제법 규모를 갖춘 건물이었다.

관청 건물이 규모를 갖춘 데 비해서 일반 주민의 거주 공간은 매우 제한되어 있었다. 이 시기 지방 도시에서는 고급관리를 제외하면 사회 지배계층인 양반이 거의 살지 않았다는 점이 도시를 위축시키는 커다란 원인이 되었다. 양반들은 지방에서도 자신들의 독립적인 씨족 마을을 형성해서 그 곳에서 거주하였다. 읍치에는 필요한 때가 아니면 자주 왕래하지도 않았다. 오히려 지방 고을 수령이 양반들의 마을에 찾아가 전입 인사를 올릴 정도였다. 결국 지방 도시에 거주하는 주민은 관청에 속한 관리나 서리들, 그리고 관청에 예속된 수공업자들과 군인들 정도였다. 도시에는 불교 사찰도 없었고 상업을 진작시킬 만한 시장도 크게 형성되지 못하였다. 당시 시장은 읍내보다는 오히려 읍 외곽에서 5일장이나 7일장 등 정기시로 열리고 있었다.

이런 지방 도시의 침체된 양상을 18세기 구 수원읍의 주민 구성과 가옥 규모에서 확인할 수 있다. 1789년에 수원읍은 현재 수원시가 자리잡고 있는 곳으로 이전되었다. 이전에 앞서 나라에서는 구읍에 사는 주민들의 신분과 주민들 가옥 규모를 일제 조사한 바 있다. 그 기록이 정조 13년의 『일성록』에 전하고 있다. 당시 이주 대상 주민은 244호였다. 이 숫자는 읍내 중심부에 거주하던 대부분의 주민으로 판단된다. 전체 244호 가운데 기와집은 단 한 채만이고 나머지는 모두 초가이며 규모는 평균 7.5간이다. 18간 이상의 큰 집이 10호에 불과하고 나머지 대부분이 10간에서 7간 정도이며 45호는 규모가 3.5간 이하로 나타났다.

당시 수원은 경기도내 35개 읍치 가운데 중간 정도의 인구 규모를 가진 곳이었다. 물론 개성부나 광주부 등은 수원에 비하면 월등히 큰 규모에 좋은 주택들도 있었을 것으로 생각된다. 수원읍은 이런 큰 규모의 도시가 아니고 비교적 경기도내 평균적인 읍치의 수준을 반영하는 곳이라고 볼 수 있다. 읍내 주민은 양반은 한 사람도 없고 단지 양반에 준하는 유학 신분이 5호 있을 뿐이었다. 관리도 고급관리는 불과 6인에 지나지 않았다. 나머지는 거의 내세울 만한 신분이 아니었다. 수원 도호부의 18세기 말 이 수치는 당시 지방 도시의 영세한 규모와 주민 생활의 침체된 모습의 일면을 보여 준다고 할 수 있다.

이런 침체된 도시에 새로운 활기와 변화가 나타나기 시작한 것은 17세기 후반부터이며 그 출발은 당연히 도성에서였다.

한양의 도시 인구는 임진왜란 직후 10만 이하로 줄어들었으나 그후 꾸준히 증가세를 보였으며 17세기 중반에 오면서 17만 정도까지 크게 늘어났다. 도시 인구가 급격히 늘어난 배경에는 한양에서 나타나기 시작한 상업 활동과 또 농촌에서 유리된 유랑 인구가 서울로 모여든 사정이 있었다.

한양 주변에서는 서울 사람들을 대상으로 한 채소나 부식의 상업적 재배가 나타났다. 도시민들을 대상으로 판매를 목적으로 농사를 짓는 것이었다. 공산물의 경우도 판매를 염두에 둔 제품 생산도 생겨났다. 이것은 조선 초기에는 보기 어려운 현상이었는데, 물품의 유통을 바탕에 둔 경제 활동이 점차 일반화하기 시작한 것이다.

나라에서 큰 토목공사가 있을 때도 과거처럼 부역 동원하지 않고 임금을 주고 고용하는 사례가 생겼다. 부역 동원 명령이 충분히 이행되지 않게 된 사회 분위기와 노동 효율을 높이기 위해 생겨난 부득이한 조처였다. 개천을 새로 판다든지 왕릉을 건설하는 산릉 작업을 할 때는 많은 인력을 빠른 시간에 동원해서 일을 해내야 했기 때문에 임금 지급의 수단으로 바뀌게 된 것이다. 이것은 농촌을 떠난 유랑민들이 도시에 모여드는 촉진제가 되었다. 한양은 이러한 대규모 토목사업이 지속적으로 벌어졌으므로 유민들의 한양 집중이 더 가속화되었다. 서울에 모여든 이들은 주로 한강변이나 청계천 주변에 모여들었다.

한양의 도시 영역도 넓혀졌다. 과거 한양의 행정 범위는 소위 성저 10리라고 해서 성곽 바깥 10리까지 정도로 잡고 있었다. 그러나 18세기에 들어오면서 행정 범위는 더 멀리까지 확대되어 동쪽으로는 수유동이나 장위동까지, 남쪽으로는 중량포나 살곶이까지로 확대되었다. 그에 따라 행정체제도 개편되어 서울 교외지역까지 포괄하는 방(坊)이나 계(契)가 신설되기에 이르렀다.

상업이 활발해지면서 한양에는 전보다 더 많은 상점 시설이 생겨났다. 대표적인 성내 상점은 종로 주변의 시전이었다. 시전은 나라에서 특정한 물품을 독점 판매할 수 있는 권리를 인정해 주는 상점이었다. 종루를 중심으로 동대문과 서대문으로 향한 가로 양편, 그리고 남대문으로 가는 가로에는 이들 시전 상점들이 처마를 잇대면서 길게 이어졌다. 상점들이 취급하는 품목은 쌀이나 포목, 채소 등 생활 필수품에서부터 금은 장식이나 비단 등 사치품에 이르기까지 한양 도시생활의 윤택함을 반영한 거의 모든 종목이 망라되어 있었다. 성밖 배오개나 칠패에도 개인 상점들이 생겨났다.

한편 도성으로 향하는 길목인 송파나루나 다락원에는 시전 이외에 소위 난전 상인이라고 부르는 나라에서 허가를 받지 않은 개인 상점들이 형성되어 있었다. 이들은 도성으로 들어오는 물건들을 미리 확보하여 도성의 시전 상인들과 경쟁을 벌였다. 이런 지역에서도 상점들이 가로변에 늘어서 있었다.

도성 중심부나 외곽지역 여러 곳에 형성된 가로변의 상점들은 한양이 상업적인 기능이 강화된 변화를 잘 나타내 주는 것이었다. 이제 한양은 단지 국왕의 명령을 수행하고 나라의 안녕을 기원해서 제사지내는 데 치중된 중세적인 행정도시가 아니고 주민들의 삶의 활기가 넘치고 경제활동이 활발히 이루어지는 근대적인 도시로 서서히 변모해 가는 과정에서게 된 것이다.

18세기에 들어와 나타난 이러한 변화는 도성에서만 이루어진 것이 아니고 지방 일부 도시에서도 마찬가지로 나타났다. 다만 지방 도시의 경우 지리적인 여건이 상업 발달에 유리한 곳은 빠르게 변화에 대처해서 변모해 간 데 반해 그런 여건에 있지 않았던 대다수 도시들은 여전히 행정 중심의 침체된 모습으로 남게 되었다. 이제 지방 도시간에는 경제 활동의 가부에 따라 그 격차가 크게 벌어질 수밖에 없게 된 것이다.

경기도 안성현은 조선 중기까지만 해도 인근 죽산현이나 음죽현 등과 큰 차이가 없는 평범한 지방 도시였다. 그러나 전라도나 충청도로부터 도성으로 향하는 길목에 위치했고 또 주변에 넓은 농경지가 확보되면서 18세기에 들어와 새롭게 상업 중심 도시로 성장하였다. 상품 소비 활동이 증가하는 가운데 특히 유기 생산과 판매의 중심지가 되면서 여타 도시들과 달리 큰 장시가 형성되어 상업 도시의 면모를 갖추어 나갔다.

그러한 변화는 도시 구조 자체에 그대로 나타났다. 본래 조선 중기까지 안성현의 중심부는 도시 북쪽의 낮은 산 아래 객사와 관청이 있고 그 앞으로 소규모로 펼쳐진 시가지 정도였다. 18세기경에 안성이 인근 지역 장시의 중심이 되면서 안성에는 대규모 장시가 열리게 되었는데 장시의 위치는 기존 시가지에서 조금 떨어진 남쪽이었다. 도시 북쪽 끝에는 객사와 관청이 자리잡고 있고 그 반대쪽 남쪽 끝에 장시가 형성되어 북쪽의 행정 지역과 남쪽의 상업 지역이 좋은 대조를 이룬 셈이다. 20세기 초의 지적도를 보면, 안성은 북쪽 객사에서 곧바로 남쪽으로 길게 뻗은 중심 가로가 시가지를 관통하고 있고 이 곧바로 뻗은 남북 가로의 남쪽 끝에 장기리 즉 장터라는 지명을 가진 시장 지역이 나타나 있다. 18세기경에 형성된 도시의 기본 골격이 20세기 초까지 그대로 성장해 간 것이다. 특히 주목되는 것은 남북으로 길게 뻗은 직선상의 가로이다. 조선시대 지방 도시들은 주로 관청 주변으로 동서 방향으로 가로가 형성되는 것이 일반적이다. 안성현도 조선 초기에는 관청 앞의 동서 방향 도로가 가로의 중심을 이루고 있었다고 짐작된다. 이 가로는 인근 양성현에서 죽산현으로 연결되는 도로이다. 그런데 이 기존 도로와 별도로 따로 시가지를 관통하는 남북 방향의 직선 가로가 새로 형성된 것이다. 이 가로는 북쪽의 관청과 남쪽의 장터를 연결하는 새로운 도로이다. 이 가로가 형성되면서 시가지의 주택들은 가로변을 따라 길게 선형으로 발달하고 있는 모습을 보인다. 이처럼 시가지가 선형으로 가로를 따라 조성되는 것도 이전의 행정 도시에서 보기 어려운 모습이다. 18세기 안성현의 도시 구조는 이 도시의 상업적 기능에 발맞추어 새로운 모습으로 바뀌어 간 것이다.

경기도 고양군은 또 다른 형태의 도시 구조가 나타난 사례가 된다. 고양군은 그 자체로는 특별한 생산품을 갖고 있는 곳은 아니었다. 다만 그 위치가 서울에서 북쪽 평양이나 의주로 가는 길목에 위치하였기 때문에 중국 사신의 숙박지로 중요시된 곳이다. 조선을 방문하는 중국 사신은 반드시 고양의 벽제관에서 하룻밤을 묶고 의복을 갈아입고 도성에 들어왔다. 이러한 여건 때문에 고양현은 일찍부터 숙박지로 이름을 날렸다.

조선 후기에 들어와 신분간의 격차가 해소되고 인구의 이동이 활발해지면서 교통 요지에 위치한 도시들의 숙박업은 활기를 띠게 되었다. 상업 활동이 활발해지면서 이러한 숙박 시설은 더 번성하게 되었는데 특히 관청의 역말이 있는 곳 주변에서 민간이 운영하는 주막이 활기를 띠었다.

조선 후기에 와서 고양현은 객사를 중심한 기존 도시 구역과 그 곁에 의주대로를 따라 형성된 또 하나의 생활권으로 명백히 양분되어 발전하였다. 객사와 관청이 있는 곳은 기존의 다른 지방 도시와 마찬가지로 관청 앞으로 동서 방향으로 도로가 지나가고 관청과 이 도로를 따라 하나의 시가지가 형성되었다. 그리고 그 왼쪽 의주대로변을 따라 약 300여미터 길이에 가로 좌우로 상점이 길게 늘어서는 또 하나의 가로가 조성된 것이다. 의주대로변의 이 가로는 다른 지방 도시에서는 보기 어려운 독특한 것이었다. 이 가로는 후에 주막거리로 불렀고 호화스런 술집들이 길게 늘어선 것으로 이름났다.

안성현이나 고양군은 경기도내에서는 모두 특별한 조건에서 도시에 새로운 변화가 나타난 사례였다. 안성은 장터가 생기면서 도시가 새로운 모습으로 변모한 것이고 고양은 주막거리가 조성된 예이다. 두 사례의 공통점은 도시 중심부에 긴 가로가 나타나고 이 가로를 따라 새로운 시가지가 발달하였다는 점이다. 이 가로를 따라 상점 건물이 조성되었다. 이것은 상업 발달에 따라 나타난 도시의 새로운 면모였고 기존 행정 중심 도시에서는 찾아보기 어려운 점이었다. 상업의 발달은 조선 후기 도성은 물론 지방 도시에도 변화를 초래하였다.

5. 신도시 화성의 건설

1789년 여름, 서울 남쪽 약 30키로미터 되는 팔달산 동쪽 넓은 들판에 하나의 새로운 도시가 건설되었다. 인근에 있던 구 수원도호부를 새로운 장소로 옮겨 온 것이다. 기존 구도시에 살던 주민들을 이주시키고 신도시에는 새로 향교와 사직단 그리고 여러 관청을 지었다. 특별히 이 신도시에는 전국에서 상인들을 적극 유치하였다. 나라에서 장사할 자본을 무이자로 장기간 빌려 주는 파격적인 조건까지 달았다. 그 덕분에 구수원읍 사람뿐 아니고 다른 지역에서도 많은 사람들이 모여들었다. 도시가 어느 정도 윤곽을 갖추게 되자 도시의 지위를 승격시켰다. 수령인 수원부 유수의 지위를 한성부 판윤과 같은 정2품 당상관으로 하였다. 그리고 도시 이름을 기존 수원부에서 화성(華城)으로 고쳤다. 정조 17년, 1793년의 일이었다.

화성은 18세기 이후 도시가 상업적으로 변화되어 가는 연장선에서 탄생한 도시다. 도성의 성격이 상업 도시로 변하고 지방 도시에서도 경제적 요지의 도시들이 변모하고 있을 때, 가장 경제적 이점을 안고 있는 위치에 있던 수원이 장소를 옮겨 가면서 새롭게 태어난 것이다. 수원의 지리적 이점을 일찍이 간파한 사람은 반계 유형원이었다. 실학파 학자의 초기 인물인 반계는 상업 활동의 중요성을 일찍 깨닫고 있었다. 수원은 경상도나 충청도, 전라도의 각종 물산이 도성으로 올라오는 길목에 위치하였지만 읍치가 있는 곳은 산으로 둘러싸인 궁벽한 곳이었다. 수원을 기존의 궁벽한 산골짜기에 두지 말고 그 북쪽 넓은 들판이 펼쳐진 곳으로 옮겨서 여기에 서울 남쪽의 상업이 번성한 하나의 대도회를 이룰 것을 주장한 것이 이미 17세기 중반이었다. 그리고 그 주장이 150년 후에 정조의 강력한 의지에 의해 실현된 것이다.

정조는 화성을 건설하기에 앞서 우선 억울하게 죽은 왕의 친아버지 사도세자 무덤을 구수원읍의 읍치 뒷산에 옮겼다. 읍치 뒤에 왕세자의 무덤을 세우기 때문에 수원읍은 다른 곳으로 옮기지 않으면 안 된다는 것이 수원 이전의 명분이었다. 하나의 도시를 새로 건설하는 데에는 많은 비용이 들고 또 정치적으로 많은 반대에 부닥치기 마련이었다. 이것을 예상한 정조는 부친에 대한 효성심을 내세워 반대 의견을 잠재웠다.

정조가 화성을 건설한 근본 목적은 강력한 왕권을 구축하는 데 있었다. 17세기 이후 신하들의 권력이 증대되면서 상대적으로 약화된 조선의 왕권은 급기야 사도세자의 비극적 죽음까지 낳았다. 어렵게 왕위에 오른 정조는 강력한 왕권 구축을 최대 과제로 삼고 그 실현을 위해 애썼다. 정조는 아들이 성년이 되면 왕위를 아들에게 물려주고 자신은 상왕이 되어 아들을 뒤에서 보호하면서 2대에 걸친 강한 왕권을 구축할 것을 계획한 것으로 알려져 있다. 이 때 상왕이 되어 머무를 장소로 마련한 것이 화성이었던 것이다. 그러기 위해서 화성은 강력한 군사력과 함께 상인들이 들끓는 경제적으로 윤택한 도시로 건설하고자 한 것이 화성 건설의 목적이었다.

화성의 도시적 특징은 상업 활동이 원활한 도시를 만들고자 한 데 있다. 입지는 종래와 같은 풍수적인 관점이 아니고 물자 소통의 편의 여부로 결정되었다. 화성은 과거의 도시처럼 산으로 둘러싸인 곳이 아니었다. 서쪽의 팔달산을 의지하면서 나머지는 삼면이 넓게 열려진 곳이었다. 서쪽의 산 아래로 관청을 두고 그 앞으로 북에서 남으로 중심 가로를 두었다. 이 가로와 직교하면서 또 하나의 도로가 동쪽으로 이어진다. 그 교차로는 십자가로라고 불렀다. 이것은 도시 중심부에 T자형 도로를 두던 전통적인 가로 구성과 다른 것이었다. 그만큼 도로의 소통을 중요시했다. 십자가로에는 시전 상점을 두어 도시 중심부에 상점이 늘어서도록 했다.

도시에 인구가 어느 정도 갖추어지자 도시 외곽을 감싸는 성곽이 축조되었다. 이 성곽은 기존 행정도시와는 다른 새로운 것이어야 했다. 그러기 위해서 정조는 성곽 축조에 경험이 있는 기존 인물이 아니고, 새로운 생각을 지닌 신진 학자를 기용해서 성곽의 계획을 맡겼다. 다산 정약용이 발탁되었다. 왕의 총애를 받던 31세의 젊은 학자 다산은 중국과 조선의 여러 성제를 폭넓게 살펴보고 그 장점들을 모아 새로운 성곽안을 만들었다. 그 과정에서 중국을 통해서 입수된 서양의 기술서도 참고했다.

화성 성곽은 조선 성곽의 전통을 살렸다. 산에 의존해서 경사진 지형을 이용해 성곽을 쌓는 방식이다. 그러나 여러 면에서 기존 성곽과 달랐다. 우선 기존 성곽이 갖추고 있던 읍성과 산성의 이중구조를 버렸다. 그 대신 평상시 거주하는 성곽의 방어력을 크게 강화하였다. 그러기 위해 새로운 방어 시설이 가득 설치되었다. 축성 재료에서도 석재에만 의존하지 않고 벽돌을 활용하였다.

행정 기능 위주의 기존 성곽은 평상시 거주하는 읍성 주변에 험한 산세를 이용한 산성을 두어 유사시에는 읍성에서 나와 산성에 들어가는 방식을 택했다. 이것은 산이 많은 조선의 지형 조건을 살린 오랜 경험에서 나온 방식이었다. 그러나 도시가 상업적으로 번성하면서 유사시라도 읍성을 버리는 것이 갖는 손실이 너무 컸다. 반계 유형원은 저서 『반계수록』에서 이런 문제를 지적하고 읍성을 번성하게 하고 읍성의 방어력을 키우는 것이 필요하다고 역설하였다.

화성에서는 산성을 두지 않는 대신 읍성의 방어력을 강화하는 새로운 방법을 택했다. 이를 위해서 기존 성곽에 없는 새로운 방어 시설을 설치하는 데 주력하였다. 그 결과 화성에는 여타 성곽에서 볼 수 없는 새로운 방어 시설이 생겨났다. 성문 앞에는 이중 성문인 옹성이 세워지고 성문 주변에는 감시대인 적대가 설치되었다. 지형상 주변을 내려다볼 수 있는 곳에는 공심돈이라는 속이 비어 있는 망루도 세웠다. 망루 안에 군사들이 들어가 적을 공격할 수 있도록 했다. 대포를 설치한 각종 포루도 갖추었다. 무엇보다 성벽 군데군데를 돌출시켜 성벽에 접근하는 적을 공격할 수 있는 치성을 여러 곳에 두었다.

화성의 성벽은 숙종 이래로 발전해 온 축성술이 한걸음 진전된 것이었다. 여기 사용된 석재는 사전에 일정한 규격을 정해 놓고 모은 것이며 이들 방형 석재를 가지런히 쌓으면서 군데군데 줄이 어긋나는 곳에서 모서리를 따내서 돌들이 서로 이를 물도록 하고 있다. 이것은 바로 숙종 이후 도성과 북한산성에서 시도했던 발전된 축성술이 한층 정돈된 모습이다.

여기 더해서 새 방어 시설에는 종래 잘 사용하지 않던 벽돌을 과감히 활용해서 새로운 조형의 구조물을 성공적으로 만들어 냈다. 벽돌은 삼국시대부터 사용하던 재료였지만 오랫동안 외면당하고 있었다. 조선시대에는 건물 바닥이나 굴뚝 쌓는 정도에 쓰였다. 그러다가 화성에 와서 본격적으로 구조 재료로 활용되었다. 벽돌이 쓰이면서 새로운 건물 외관의 표현도 나타났다. 화홍문은 화성 성내를 관통하는 개천의 북쪽 수문이다. 일곱 개의 아치로 물이 지나는 문을 만들고 그 위에 아름다운 누각을 올린 것이 화홍문이다. 맑은 물이 흐르고 그 위에 일곱 개 홍예가 무지개 그림자를 드리운 곳에 누각이 우뚝 세워져 있는 것이다. 화홍문 곁 높은 언덕 꼭대기에 방화수류정이라는 정자를 세웠다. 이 정자는 화성에서 주변 경치가 가장 아름다운 용연이라는 연못 위에 자리잡았다. 평면도 불규칙하고 지붕 형태도 독특하다. 더 특징적인 것은 목조구조와 벽돌이 적절히 조화를 이룬 점이다. 나무로 기둥을 세우고 그 사이 벽면에 벽돌을 채운 것인데 화홍문 쪽에서 올려다보는 가장 눈에 잘 띄

사진 17. 수원 화성 화서문 주변 전경

사진 18. 수원 화성 방화수류정

는 곳은 특별히 벽돌을 가지고 모자이크 문양을 장식했다. 성곽이지만 한가로울 때 연못가에 아름다운 정자를 짓고 경치를 즐길 수 있는 여유를 찾아볼 수 있다.

화성 축조에는 자재 운반을 위해 새로운 기계 장비가 고안 활용된 점이 주목된다. 무거운 돌을 들어올리는 거중기와, 돌을 싣고 나르는 유형거라는 수레였다. 이 장비들은 서양의 기술서를 참고해서 다산이 조선의 기술 현실에 알맞게 창안한 것이다. 18세기에는 나라의 건설 현장에서도 노임 지급이 시행되고 있었기 때문에 인건비를 줄이는 것이 공사의 중요한 과제였다. 건설 장비의 활용은 바로 인건비 절약을 위한 당면 과제의 해결 방안이었다. 물론 여기에는 다산의 위민 사상도 들어 있었다.

성곽 축조 4년 후에 정조는 갑자기 세상을 떴다. 왕위를 아들에게 물려주고 화성에 내려와서 머물고자 했던 정조의 계획은 실현되지 않았다. 한동안 화성은 침체를 겪었다. 그러나 화성이 갖고 있는 지리적 이점과 정조가 마련해 둔 상업적 조치들은 조금씩 결실을 보았다. 20세기

초에 화성은 경기도내의 몇 번째 가는 대도시로 성장해 있었다. 십자가로 주변에는 많은 상점이 늘어서 있었고 상점들은 남문 밖으로까지 이어졌다. 북문에서 남문으로 이어지는 가로에는 상점이 도로 좌우에 나열해 있었고 그런 모습은 남문 밖 매교까지 길게 이어졌다. 1960년대 이후 수원은 경기도의 도청 소재지가 되고 섬유산업에 이어 전자산업이 들어오면서 경기도 제일의 대도시가 되었다. 18세기 새로운 도시 건설의 의지가 2백 년 후에 큰 결실을 맺은 것이다.

3

유교 이념과 제사 건물

1. 도시를 지배하는 제사 시설

도성을 창건할 때 궁궐의 좌우에 사직단과 종묘를 모시는 것은 왕권을 천명사상으로 이해하는 유교적 정치사상에서 비롯되었다. 초인적이며 초자연적인 힘으로 상징되는 천신, 지기, 인귀 등 여러 신으로 왕을 보좌하고 국가를 보호한다는 생각이 바탕에 있는 것이다. 그런데 도성에는 이 두 곳 외에도 헤아리기 어려울 정도로 많은 신들에 대한 제사 시설들이 있었다. 도성은 이들 각종 제사지내는 신령들로 가득한 도시였다.

신령께 제사지내는 의식은 유교의 근본되는 실천 덕목인 오례(五禮) 중 길례(吉禮)에 속하는 의례이다. 길례 즉 제사의식은 그 대상을 대사(大祀), 중사(中祀), 소사(小祀) 세 등급으로 나눈다. 국가적으로 가장 중요시하는 큰 제사인 대사는 사직과 종묘의 제사이다. 고려시대에는 이 대사에 하늘에 제사지내는 원구와 땅의 신령께 제사지내는 방택이 들어 있었는데, 조선시대에는 이 두 가지는 천자만이 지낼 수 있는 것이라 해서 생략했다. 중사로는 풍운, 뇌우를 주관하는 신과 산, 바다, 큰 강을 주관하는 악, 해, 독의 신, 성황신 외에 선농, 선잠, 우사신 등 농사와 누에, 비를 주관하는 신에 대한 제사 그리고 공자 즉 문선왕에 대한 제사와 단군이나 기자, 고려 시조와 같은 역대 시조왕에 대한 제사가 들어 있다. 소사에는 영성, 사한, 마조와 마사, 마보 외에 명산대천, 7사, 영제 등이 그 대상이 된다. 영성은 곡식과 농사를 맡는 별을 이르고, 사한은 추위를 관장하고, 마조, 마사, 마보는 말에 관계되는 신주들이며, 7사는 계절과 별에 관계된 일곱 신주, 영제는 입추 이후까지 장마가 질 때 날이 개기를 비는 제사이다.

도성에는 이들 여러 신들에게 제사지내는 시설들이 반드시 마련되어야 했다. 한양에서는 이런 제단과 묘 건물이 도성 내외에 갖추어졌다. 여러 시설 가운데 도성 안에 있었던 것은 사직단과 종묘 그리고 공자 신위를 모신 문묘였다. 나머지 많은 단과 묘가 성 바깥에 있었는데 주로 동쪽과 남쪽 교외에 집중되어 있었고 일부가 북쪽에 있었다. 우선 도성 동쪽 교외에 있던 단을 들면, 지금 제기동에 있던 선농단, 마장동 일대의 마조, 마사, 마보단 등 말과 관련된 단과 해충을 주관하는 신을 모신 포단이 있었다. 남쪽의 단은 풍운, 뇌우단이 지금 청파동 부근에 있었고 안해독의 제단인 산천단이 그 옆, 지금 육군본부 부근에 자리잡고 있었다. 또 우사단은 보광동에 있었고 영성단이 한남동, 사한단이 두모포와 옥수동에 있었다. 북쪽에 있던 단은 역병과 관련한 영제단이 평창동, 선잠단이 성북동에 위치했다.

도성의 제사 시설은 17세기 이후에는 더 늘어났다. 이 때에는 종묘에는 모실 수 없지만 왕실에서 소홀히 할 수 없는 후궁들이나 왕세자의 개인 사당들이 성내 곳곳에 세워져 철따라 성대한 제사를 지냈다. 17세기 이후 조선의 왕실은 정식 왕비의 소생이 아니고 후궁 소생으로 뒤에 왕이 되는 경우가 많았고 이들 후궁은 죽은 뒤에 비록 종묘에는 모셔지지 못했지만, 왕의 생모라는 이유로 별도의 묘나 궁을 세웠다. 왕세자로 책봉되었다가 왕이 되기 전에 죽는 경우도 자주 발생했다. 이 때도 별도의 사당을 세웠다.

육상궁은 영조의 생모인 숙빈 최씨를 봉향한 곳인데, 영조가 즉위하고 이듬해 세웠다. 위치는 경복궁의 서북쪽 궁정동이다. 미천한 신분이었던 생모에 대해 그 사당만은 격식을 갖추어 짓고자 했던 영조는 육상궁을 격식있는 전각으로 꾸몄고 제사도 절차를 갖춘 것으로 정했다. 육상궁 이전에도 도성에는 추존된 원종의 생모 사당인 저경궁이 지금 한국은행 뒤 송현에, 경종의 생모인 희빈 장씨의 대빈궁이 지금 낙원동 위치에 있었다. 또 뒤에 장조로 추존된 사도세자의 생모 영빈 이씨 사당인 선희궁이 신교동에 있었으며, 순조의 생모인 수빈 박씨 사당인 경우궁이 계동에 있었다. 이들 사당은 1908년 육상궁에 모두 합해질 때까지 각각 도성 내 중요한 위치에 자리잡고 왕실 사당으로 엄격히 관리되고 매년 절기마다 제사를 치렀다. 지금은 고종의 후궁이며 영친왕의 생모인 귀인 엄씨 사당인 덕안궁까지 합해져서 7궁이란 이름으로 육상궁 자리인 궁정동에 궁색한 모습으로 남아 있다.

한편 왕세자 사당으로는 사도세자를 향사하는 경모궁이 종로구 연건동에, 정조의 형인 의소세손의 사당인 의소묘가 경복궁 옆 창의궁에 있었고, 정조의 맏아들인 문효세자 사당인 문희묘가 안국동에 있었다. 이들 왕세자 사당은 지금은 남아 있지 않다.

관왕묘 즉 관우를 제향하는 무묘(武廟)도 세워졌다. 이것은 임진왜란 후 명나라의 요청으로 세워진 것인데 남대문 밖 지금 후암동 부근에 남관왕묘가 있었고 동대문 밖에 동관왕묘가 있었다. 이 가운데 동관왕묘가 동묘란 이름으로 지금도 남아 있다.

도성만이 아니고 지방 도시에도 단과 묘가 갖추어졌다. 사직단과 문묘는 전국 3백여 군데 부, 목, 군, 현에 반드시 설치되어야 했으며, 거두어 줄 자손이 없이 죽은 사람들의 혼령을 위로하는 여단과 영제를 지내는 단도 지방 모든 읍치에 반드시 설치되어야 했다. 지방 읍치의 경우

사직단이나 문묘는 특별히 그 위치를 고정해 놓고 있지는 않았다. 도심부의 번잡함을 피해 도시 중심부에서 조금 떨어진 한적한 곳을 택해 단과 묘를 모시는 것이 보통이었다. 전국 3백여 군데 읍치마다 반드시 설치되어 있던 단과 묘 가운데 문묘는 향교 속에 자리잡아서 지금까지도 상당수가 전해지고 있다. 그러나 사직단이나 여단 등은 거의 사라져 버렸다. 단지 지방 도시의 지명 가운데 사직동과 같은 동네 이름으로 그 흔적을 전하고 있을 따름이다.

또한 지방 도시 가운데 일부에는 관왕묘나 기타 시조묘와 같은 특별한 사묘나 왕의 초상화를 모신 영전이 건립된 경우가 있었다. 관왕묘는 안동, 남원, 성주 세 곳에 있었다. 모두 선조 때 조성되었는데 대개 성문 밖 가까운 곳에 자리잡고 있었다. 현재 남원의 관왕묘가 남아 있다. 시조묘는 주로 태조와 관련된 건물들인데, 전주에 경기전이 남문 안에 있고 함경도 영흥 태조의 탄생지에 선원전이 있으며, 개성에는 태조 옛 살림집 자리에 목청전이 있었다.

종묘에 모신 신위와는 별도로 역대 왕의 어진 즉 초상화를 모시고 일정한 예를 올리는 영전도 도성을 비롯해 지방 주요 도시에 있었다. 도성 안에서는 영희전이 지금 중부경찰서 자리에 자리잡고 있었으며, 지방 도시로는 강화도에 숙종과 영조 어진을 모신 장령전과 만령전이, 수원에는 정조 어진을 모신 화령전이 자리잡았다. 이 가운데 화령전 건물이 남아 있다.

화령전이 건립된 것은 정조 사후 1년 만인 1801년이다. 건물은 19세기에 들어와 왕실의 사당이 얼마나 격식을 갖추고 기술적으로도 안정된 바탕 위에 지어졌는지를 여실히 보여 준다. 3간의 바깥 대문을 들어서면, 빈 마당을 거쳐 다시 3간의 문을 만나는데 이 문은 신문(神門)으로, 사람이 드나드는 문이 아니다. 신문에서 화령전 정전까지는 어로가 마련되고 그 끝에 놓은 기단 위에 정면 5간의 정전이 자리잡고 있다. 사람

사진 19. 수원 화령전 정전

그림 8. 장령전 전경(「강화부궁전도」 국립중앙도서관 소장)

들은 신문 오른쪽에 난 협문을 이용하는데 임금이라도 이 협문으로 출입한다. 협문을 들어서면 재실이 나오고 재실 앞의 또 다른 협문을 통해 정전 앞마당에 이른다. 정전은 중앙에 정조의 초상화를 모신 넓은 공간을 두었다. 정전 옆으로 이안각이 있는데 정전과 이안각은 복도각이라는 통로로 연결되어 있다. 정전의 초상화를 옮겨 두어야 할 때, 이 복도각을 통해 이안각에 모셔 두는 것이다. 화령전은 정조에 의해 건설된 화성의 객사 바로 뒤편에 조성되어 있다.

이처럼 조선시대 도시에는 도성은 물론 지방 도시에 이르기까지 수많은 제사 시설로 가득했다. 이들 제사 시설은 모두 일정한 절기에 맞추어 정성을 다한 제사가 치러졌다. 제사가 없는 평상시에도 각 건물은 엄격히 관리되어 잡인의 출입을 금하고 주변에서 소란스런 행동도 금지되었다. 이것은 조선시대 도시를 긴장감과 엄숙함으로 유지시키는 큰 요소였다.

간혹 제사 시설은 건물 안만이 아니고 도시 전체로도 영향을 미쳤다. 종묘의 건물은 자주 증축하거나 수리하지 않으면 안 되었는데 이럴 때 신실에 모신 신주는 다른 조용한 곳으로 옮기는 것이 관례였다. 그 옮겨가는 장소는 빈 궁궐이나 사당이었는데 조선 후기에는 도성 서쪽의 경희궁이나 남산 아래 남별전의 빈 건물이 그 대상이 되었다. 이 때 수많은 종묘의 신주를 일일이 가마에 모시고 긴 행렬이 도성 한복판을 지나는 성대한 이안식이 벌어졌다. 공사가 끝나면 다시 신주를 제자리에 돌려놓는 환안식이 거행되었다. 종묘에서 경희궁으로 가는 행렬이 지나는 과정을 『종묘영녕전증수도감의궤』(1834년)에서 찾아보면 다음과 같다.

> 종묘대문(宗廟大門) - 종묘동구(宗廟洞口) - 창덕궁동구전로(昌德宮洞口前路) - 통운석교(通運石橋) - 종루전로(鐘樓前路) - 운종가(運從街) - 혜정석교(惠政石橋) - 경복궁동구전로

(景福宮洞口前路) - 삼간병문석교(三間屛門石橋) - 야주고개 병문전로(夜晝古介屛門前路) - 흥화문(興化門)

이 경로는 도성의 가장 한복판을 지나는 것이다. 이 행사는 모든 성내 사람들의 큰 구경거리였음에 틀림없다.

조선시대 도시는 이들 제사 시설에 철저히 지배되고 있었다고 해도 과언이 아닐 정도였다.

2. 사직단과 종묘

도성 한양의 첫 번째 건물은 사직단과 종묘였다. 도성을 한양으로 옮기기로 결정하고 며칠 후에 정도전 등은 도성 터에 가서 종묘와 궁궐터를 정하고 도면을 그려 왕에게 바쳤다. 얼마 후 왕은 신하들과 서운관의 관리들을 데리고 종묘와 사직단의 터를 직접 살폈다. 며칠 후에는 다시 왕이 용산강에 나가서 종묘 짓는 재목을 살폈다. 종묘 터 닦는 작업이 시작되자 다시 왕이 나가서 그 광경을 지켜보았다. 집 지을 준비를 마치고 해가 바뀌어 태조 4년이 되자 정월달에 공사의 첫 삽이 떠졌다. 그 대상은 사직단이었다. 왕은 인왕산 아래 가서 직접 사직단 쌓는 것을 지켜보았다. 4월에 사직단이 완성되었다. 종묘 역시 같은 때 공사가 시작되었지만 이쪽은 시간이 많이 걸렸다. 7월 한여름에도 공사가 계속되었는데 왕이 현장에 나와서 공사하는 것을 지켜보았다. 드디어 9월에는 종묘도 완성되었다. 같은 때 궁궐도 이룩되었는데 왕은 사직단과 종묘에 제사를 지내고 나서 비로소 궁궐에 들어가 문무백관의 하례를 받았다.

사직단은 땅의 신과 곡식의 신을 모신 제단이다. 사람이 살 수 있는 것은 땅이 있기 때문이며, 생존하게 하는 것은 곡식이니 사직을 세워 경배해야 한다는 것은 옛 사람들의 굳은 신념이었다. 종묘는 나라의 기틀

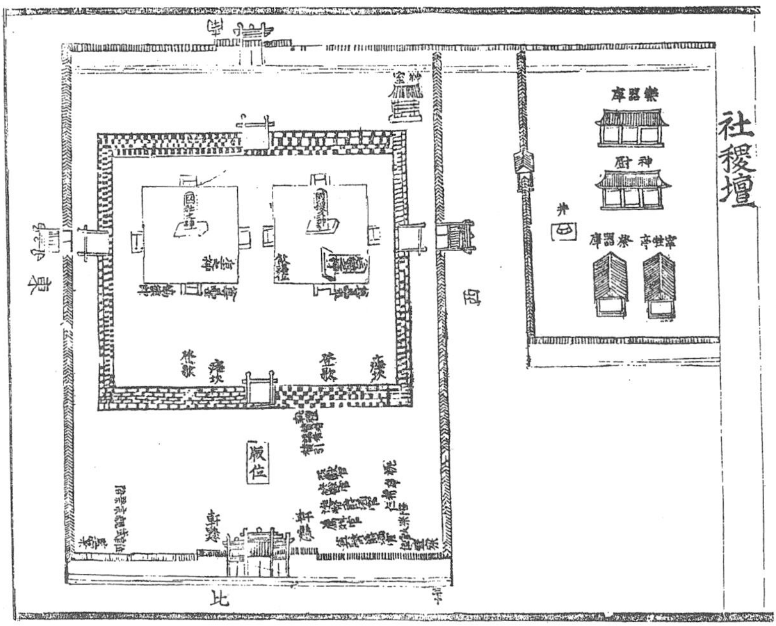

그림 9. 사직단 그림(『국조오례의』 서례)

을 이룩한 태조를 비롯한 역대 왕들의 신주를 모신 곳이다. 결국 사직과 종묘는 나라 자체를 상징하는 것으로 받아들여졌다. 한양에 천도하고 나서 궁궐이나 다른 어떤 건물보다 먼저 사직단과 종묘를 건설한 것도 바로 이 두 시설이 존재하지 않고는 나라 자체의 존립이 있을 수 없다는 생각 때문이었다.

사직단은 그 형태가 단순하다. 사단과 직단 두 네모 반듯한 단이 좌우에 나란히 놓여지고 주변에 역시 네모 반듯한 울타리가 낮게 쳐진 모습이다. 각 단의 좌우 폭이나 단의 높이는 모두 일정하게 정해져 있다. 한 변 길이가 25척, 높이는 3척이고 사방에 디딤돌 3단을 둔 계단을 둔다. 단의 외곽 울타리는 유(壝)라고 부르는데 한 변 길이는 25보(步)로, 약 150척이 된다. 여기 쓰여진 숫자들은 모두 3과 5의 배수들이다.

사진 20. 서울 사직단 전경

단은 방위에 따라 색깔을 달리하고 그 위에 황토를 깐다. 동쪽은 청색, 서쪽은 백색, 남쪽은 적색, 북쪽은 흑색으로 하고 중앙은 황색으로 한다. 이와 같은 방위와 색깔의 개념은 멀리 고대 중국에서부터 지켜져 온 것으로, 시대의 흐름 속에서도 변화하지 않고 이어져 온 것이다.

사직단의 단순함에 비해서 종묘는 형태도 복잡하고 또 시대에 따른 변화도 적지 않다. 그것은 종묘에 모시는 신주들이 시대의 흐름에 따라 달라지는 데 기인된다.

창건 당시의 종묘는 "대실(大室)은 7간이요 당(堂)은 같게 하고 실(室)은 따로 하였다. 안에 석실(石室) 5간을 만들고 좌우의 익랑은 각각 2간씩이며, 공신당이 5간, 신문(神門)이 3간, 동문이 3간, 서문이 1간이었다"고 『태조실록』에 적었다. 대실 7간이란, 건물 전체가 정면 7간이란 말이고, 당은 같게 하고 실은 따로 한다는 것은 한 지붕 안에 신주를 모시는 신실을 각기 따로 설치한다는 뜻으로 풀이된다. 석실 5간을 둔다는 것은 7간 건물 중에 가운데 5간에 신주를 모신 신실 5간을 두는 것이다. 이것은 주례와 같은 고대의 경전에서 말하는 '천자는 7묘,

제후는 5묘'의 원칙에 입각해서 조선을 제후국의 격식에 맞추어 5묘의 제도로 설정한 것을 뜻한다.

종묘가 창건되자 우선 5간의 신실에 태조의 4대조인 목조, 도조, 익조, 환조의 신주를 모셨다. 나중에 태조의 신주를 모시면 5묘가 되는 셈이다. 그리고 원칙적으로는 새로 신주가 늘어나면 태조 신주만 제외하고는 오래된 신주부터 차례로 종묘에서 내가도록 되어 있었다. 내간 신주는 그 무덤에 묻고 더 이상 제사를 지내지 않는 것이다. 그런데 조선왕조에서는 여기에 약간의 예외 조처가 생겨났고 그것이 결국 조선의 종묘를 독특한 것으로 만드는 원인이 되었다. 그 예외 조처란, 종묘에서 내가지 않는 신주를 태조에 국한하지 않고 후대 왕 중에도 공로가 큰 왕의 신주는 역시 불천지주 즉 옮겨 가지 않는 신주로 삼은 것이다. 거기다가 왕위가 아버지에서 아들로 순서대로 계승되면 큰 문제가 없을 것인데 조선왕조의 경우는 초기부터 이것이 잘 지켜지지 않았다. 제2대 정종과 3대 태종은 형제간이고 단종을 쫓아 내고 왕위에 오른 세조 역시 문종과는 형제간이 되었다. 이럴 경우 비록 형제라도 왕위를 이었으면 다음 세대로 간주한다면 문제가 간단하겠지만 조선왕조에서는 형제는 한 세대로 산정하였다. 그 덕분에 종묘에는 다섯 신실만으로는 도저히 신주를 다 모실 수 없는 문제가 발생한 것이다. 그 때문에 종묘는 왕위가 이어지면서 증축에 증축을 거듭하는 특별한 상황을 만들게 되었다.

이미 제4대 세종이 즉위하고 몇 년 후에 종묘에 모실 신주는 일곱으로 늘어났다. 태조 4대조와 그 앞 3대 왕의 신주가 있었다. 이 때에는 따로 영녕전이라는 별묘를 세워서 종묘에서 내가는 신주를 모시도록 했다. 본래는 무덤에 묻어 버려야 할 것이지만, 신주에게 미안하다는 생각에서 별묘를 세워 계속 제사를 지내도록 한 것이다. 종묘와 영녕전 두 곳에 신주를 모시면서 그럭저럭 유지해 나가던 종묘는 제13대 명종 때 와서는 더 이상 버틸 수 없는 지경에 왔다. 이 때는 태조 외에 태종과 세종이 건국 초기 공로가 많다 해서 불천지주가 되어 있었다. 여기에 문종과 세조, 예종과 추존된 왕인 덕종이 형제간이라 해서 종묘에 남아 있었다. 곧 인종의 신주까지 들어가게 되면 종묘에 모실 신주는 열이 되는 것이다.

당시 종묘의 신주 배열은 서쪽을 제일 높은 곳으로 삼아서 서쪽 제일 끝 신실에 태조를 모시고 그 동쪽으로 태종, 세종, 문종 이런 순서로 차례로 신주를 나열하고 있었다. 본래 주나라의 종묘제도에서는 신주는 소목제라고 해서 태조를 가운데 두고 왼쪽에 홀수대의 신주, 오른쪽에 짝수대의 신주를 번갈아 배열해서 천자는 7대, 제후는 5대만 모시도록 하는 것이었다. 이 때 왼쪽 신주를 소, 오른쪽 신주를 목이라고 해서 소목제라고 칭한 것이다. 그러나 후한 때 와서 종묘제도에 변질이 생겨서 조선의 종묘처럼 서쪽부터 차례로 신주를 배열하는 방식이 생겼다. 이것은 왕위 계승이 부자간에 순조롭게 이어지지 않을 때 신주 배열에 편리한 점이 있기 때문에 중국에서도 여러 왕조가 채택했던 것인데 조선에서도 이 서쪽 우위방식 즉 서상(西上)의 배열방식을 취하고 있었다.

명종 때 종묘의 신실 부족 문제가 생기자 결국 건물을 증축하게 되었다. 즉 종묘의 서쪽은 그대로 두고 동쪽으로 새로 신실 4간을 증축하게 된 것이다. 다행히 한쪽 끝만 증축하는 것이므로 건물 전체를 뜯어 고치지 않고 부분적인 개조로 공사를 마칠 수 있었다. 이렇게 해서 명종 때 와서 종묘는 전체 11간의 긴 건물이 되었다.

임진왜란이 벌어지면서 종묘는 불에 타 버렸다. 전쟁이 끝나고 사회가 어느 정도 안정되자 선조는 궁궐을 복구하기에 앞서 종묘의 재건에 착수하였다. 이 재건에 임해서 선조 40년 2월, 왕은 조선의 종묘가 옛 제도에 합당한 것인지를 잘 살펴서 지을 수 있도록 검토하라는 지시를 내렸다. 이후 약 2개월 동안 조정의 신하들 간에 종묘제도에 대한 논쟁이 벌어졌다.

며칠 후 예조는 왕에게 보고하면서 조선의 종묘제도가 동당이실 즉 당은 같고 실만 달리하여 옛 제도와 다르다는 점을 들고 고제는 묘전이 따로 있고 후침이 있으며, 각 세대가 별도의 묘와 침을 갖추는 것이 본래 제도임을 지적하였다. 이어서 홍문관에서도 의견을 내기를 본래의 종묘제도는 소목제를 기본으로 하여 제후국은 5묘를 원칙으로 한다는 점을 강조하고 조선의 종묘는 고제와는 어긋나고 있음을 밝혔다. 그러나 소목제를 택하는 문제는 기존 제도와 큰 차이를 보이는 것이어서 예조에서도 쉽게 결정을 짓기 어려운 문제였다. 그 때문에 종묘제도는 하루아침에 갑자기 고치는 것이 어렵다는 점을 들어 여러 대신의 의견을 청취하는 것이 좋겠다는 뜻을 냈다. 각 대신들의 뜻을 모은 예조의 보고가 다시 나왔다. 여기서 대체적인 의견은 이미 중국에서도 옛 제도를 그대로 따르지 못하고 있고 옛 제도를 그대로 따르지 못한다면 기존의 제도를 그대로 유지하는 것이 낫다는 쪽으로 기울었다. 이원익은 "옛 제도도 세대마다 각기 동일하지 않았으니 우리나라의 전래된 제도를 굳이 고칠 것은 없을 것 같다"고 했고 이항복도 같은 의견을 제시했다. 다른 여러 대신들은 명확한 입장을 내세우지는 않았지만 기존 제도를 새롭게 바꾸는 데 대한 우려를 담은 의견을 냈다. 그런 의견을 접한 왕 역시 제도를 바꾸는 데 회의적인 입장이 되었다.

여기 대해 예조에서는 다시 한번 조정의 의논을 묻기를 청했으나 왕은 결론을 내려 "더 이상의 논의를 그만 두고 전일의 제도에 따라 중수하라"는 명령을 내렸다. 이후에도 다시 한 차례 일부 신하들이 고대 주나라의 제도를 본받을 것을 청하는 상소를 올렸으나 받아들여지지 않았다.

선조 40년에 있었던 종묘제도에 관한 논의는 2월에서 4월 사이 2개월간의 짧은 기간 동안 진행되었지만 여기에는 조선의 종묘에 대한 당시 지식층의 생각이 반영되어 있다. 그 하나는 조선의 종묘가 갖는 고유한 성격에 대한 확고한 인식이며, 다른 하나는 당시 일부 선비들이 갖고 있고 있는 이상적인 제도에 대한 추구이다.

조선왕조의 종묘는 기본적으로 고려의 제도를 답습한 것이었다. 그것은 종묘제도를 고칠 것을 주장하는 학자들 사이에서도 왕조 창건시 종묘제도에 대해 충분한 고려 없이 전 왕조 것을 그대로 따랐다는 지적에서도 찾아볼 수 있다. 고려는 초기에 중국에서 종묘에 관한 제도나 그림 등을 전해 받았다. 세월이 지나면서 고려의 종묘는 왕실의 여건이나 제사의식을 반영하여 점차 고유한 것으로 만들어졌다. 적어도 고려 후기에 이르면 종묘는 중국과 달리 묘와 침을 따로 세우지 않고 하나의 건물 안에 신실을 두는 방식을 갖게 되었다. 신실은 당은 같이하고 실을 달리하는 소위 동당이실의 제도를 취했다. 신주의 배열은 소목제 대신 후한대부터 나타난 서상의 원칙을 따랐다. 조선의 종묘는 바로 고려 후기의 종묘제도를 그대로 답습해서 지어진 것이다. 이 제도는 분명히 중국의 고대 예서에 기록된 것과는 다른 것이었다. 그러나 앞서 인용한 이원익의 말대로 이미 중국도 옛 제도가 그대로 준용된 것이 아니라면 굳이 우리나라의 전래된 제도를 고칠 필요가 없다는 생각이 작용하고 있었다. 고려 이래 자리잡아 온 고유한 문화에 대한 긍지가 엿보이는 부분이다. 그리고 선조 자신도 결국은 이런 견해를 따라서 전일의 제도대로 중수하라는 최종 결론을 내렸다.

한편 예조와 홍문관의 관리들은 이번 기회에 옛 제도와 차이가 나는 조선의 종묘를 바꾸어 보려는 생각이 많이 드러나 있다. 당시 예조판서는 이 문제에 대해 그의 선배인 김장생을 찾아가 바람직한 묘제에 대한 의견을 물었다. 당시 김장생은 예학에 관한 한 조선 최고의 학자로 평가되던 인물이었다. 종묘제도에 대해서는 주자의 글에 고대의 제도를 바르게 회복할 것을 주장하는 대목이 있다. 율곡의 제자였던 김장생은 『주자대전』을 정확히 이해하고 그 실천을 주장하는 입장에 있었고 종묘제도에 대한 입장도 분명하였다. 비록 종묘 자체는 그대로 재건되지 않았지만 종묘제도를 계기로 해서 김장생을 비롯해서 그 뒤에 우암 송시열로 이어지는 서인 사이에는 예학에 대한 진지하고 현실적인 문제 해결의 자세가 생기게 되었다.

종묘는 이듬해 선조 41년에 재건되었다. 그 형태는 소실되기 전 그대로 신실 11간의 건물로 지어졌다. 아울러 영녕전도 재건되었다. 재건된 영녕전은 가운데 4간의 정전을 두고 좌우에 익실 각 3간의 규모였다. 4간의 정전에는 태조의 4대조를 모시고 좌우 익실에는 종묘에서 조천된 신주를 모시는 공간이었다.

그 뒤 종묘와 영녕전은 다시 각각 두 차례 더 증축이 있었다. 즉 현종 때 영녕전의 좌우 익실이 1간씩 증축되고 영조 때는 종묘 신실을 다시 4간 동쪽으로 증축하는 공사가 있었으며 마지막으로 헌종 때는 종묘 정전을 또 다시 4간 늘려 전체 19간의 긴 건물이 되고 영녕전도 좌우 익실 2간씩이 증축되어 정전 4간에 좌우 익실 6간의 전체 16간의 건물이 된 것이다.

3. 종묘의 건축 형태와 제례

현재의 종묘는 비록 한 차례 전체가 소실되기도 하고 또 여러 번 건물의 증축이 있었지만 처음 창건될 때의 위치를 그대로 지키고 있고 주변의 자연 지형도 거의 손상되지 않고 남아 있으며 무엇보다도 기본적인 건물의 배치가 큰 개조 없이 유지되고 있다.

종묘는 도성의 자연 지세에 맞추어 건물을 앉힌 점이 눈에 띈다. 정문을 들어서면 오른쪽으로 네모난 연못을 두고 그 뒤에 망묘루와 향대청이 있다. 망묘루는 묘를 바라보는 누각이란 것인데 제를 올리기 위해 왕이 이 곳에 와서 잠시 머무는 곳이다. 계속 앞으로 나가다 보면 다시 오른쪽에 하나의 담장으로 둘러친 건물이 나타난다. 재궁이다. 임금이 종묘에 와서 이 재궁에서 제를 올릴 준비를 한다. 재궁에서 길은 둘로 갈라진다. 하나는 재궁 옆을 오른쪽으로 꺾는 것이고 다른 하나는 곧바로 나 있다. 곧바로 나 있는 길은 바로 종묘의 남신문에 이르는데 남신문은 보통 사람이 출입하는 것이 아니고 신주를 모셔들일 때 출입하는 문이므로 이 길은 사람을 위한 길이라고는 하기 어렵다. 왕이 종묘에 오면 역시 이 길로 가지 않고 오른쪽으로 꺾여진 길을 따라 종묘의 동문으로 향했다. 긴 담장을 따라가서 동문을 들어서면 우선 눈앞에 나타나는 것이 높은 기단 위에 있는 종묘 오른쪽의 월랑이다. 기둥만 서 있고 벽체가 개방된 빈 건물인데 어두운 기둥들과 높은 지붕이 강한 그림자를 이룬다. 월랑을 지나서면 눈앞에 장대한 월대가 펼쳐진다. 화강석이 거칠게 깔려 있는 이 넓은 공간은 하늘을 향해 활짝 열려 있는 느낌이다. 이 월대 뒤로 다시 한 단의 기단이 있고 그 위에 19간의 장대한 종묘 건물이 세워져 있다. 굵은 기둥이 20개 도열해 있고 그 뒤에는 두터운 판자로 된 두짝 문이 굳게 닫혀 있는 정적과 침묵의 공간이다. 19간 긴 건물을 길게 내려 덮고 있는 가파른 경사 지붕도 건물을 한층 적막하게 만든다. 들어올 때와 반대쪽 서문을 나서면 영녕전이 눈앞에 나타난다. 역시 긴 담장이 시선을 가로막는다. 담장 안에는 가운데 4간의 높은 지붕과 좌우 낮은 지붕을 한 16간의 긴 건물이 넓은 월대 위에 자리잡고 있다. 종묘보다는 긴장감이 덜 하지만 그만큼 건물이 한눈에 들어오는 친근감을 느낄 수 있다. 종묘와 영녕전 주변으로는 울창한 숲이 사방을 감싸고 있다.

종묘와 영녕전 건물은 정확히 남향하지 않고 계좌정향(癸座丁向) 즉 건물이 동북 방향에 앉아 좌향을 약간 서남쪽으로 기울어진 곳으로 취했다. 이것은 종묘가 자리잡은 지세에 순응한 결과라고 생각된다. 정남향을 할 경우 뒤쪽 산을 일부 깎아내야 했는데 자연 지세에 손상을 주는 대신 건물을 지세에 맞춘 것이다. 지세를 살리는 것을 우선했기 때문에 종묘의 전체 건물 배치는 비대칭적인 구성이다. 그러나 종묘 정전이나 영녕전 건물 자체는 엄격한 대칭 구성이다. 여기에 건축적 묘미가 있다. 각 부분이 대칭을 이루면서 전체는 비대칭 구성을 해서 단조로움을 피한다. 자연 지세에 순응한 건물을 지어 온 한민족의 심미관이 유감없이 발휘되어 있다.

1608년(광해군 즉위년)에 재건된 종묘 건물은 지금도 대부분 잘 남아 있다. 현재의 종묘 정전 건물은 마지막 증축이 있었던 헌종 때 규모로 19간 신실로 되어 있다. 이 가운데 서쪽에서 11간까지는 1608년 재건 때 이루어진 부분이 그대로 남아 있는 것이고, 그 동쪽 4간은 영조 증축 시의 부분, 나머지 4간이 헌종 때 지어진 부분이다.

건물은 배흘림이 있는 굵은 기둥을 세우고 기둥은 간결한 구조로 대들보를 받도록 짜여졌다. 종묘 건물은 전면 퇴간을 개방해서 제례에 필요한 공간을 확보하도록 설계되었는데 그 때문에 건물 전면은 독립된 기둥이 길게 열지어 있는 모습을 이룬다. 배흘림을 갖춘 굵은 기둥 20개

사진 21. 종묘 정전

가 길게 줄지어 서서 말할 수 없는 엄숙함과 장엄함을 한껏 드러낸다.

기둥 위에는 간결한 형태의 쇠서가 두 개 중첩되어 있는 이익공 짜임이 처마를 받치고 있다. 간결하고 장엄한 건물에 걸맞은 공포 구성을 갖추고 있다. 건물 전체에는 요란한 단청 칠을 하지 않고 단지 붉은 칠만을 했다. 그리고 부재가 잘려지는 부분에 가라앉은 녹색 칠을 가미했다. 전체적으로 붉은 칠로 건물의 위엄을 돋우고 군데군데 녹색을 가미해서 변화를 주었다. 더 이상의 채색은 없다.

건물 양끝에는 5간 월랑이 앞으로 돌출해 있다. 이 좌우의 월랑 덕분에 건물 전체는 ㄷ자 형상을 하게 되고 그 덕분에 긴 19간의 건물은 단순한 긴 건물이 아니고 끝맺음이 분명한 하나의 완결된 형태를 이룰 수 있다. 이 5간 좌우 월랑은 태종 때 첨가된 것이다. 제례가 진행될 때 비가 오거나 하면 그 비를 피할 목적으로 달아 냈던 것인데 이것이 결과적으로는 종묘 건물의 형태적 완결성을 높여 주는 중요한 요소가 되었다.

이 ㄷ자 모양을 한 긴 건물 앞으로 넓고 넓은 월대(月臺)가 펼쳐진다.

사진 22. 종묘 정전 앞 월대

월대는 건물 앞에 세우는 넓은 단을 가리킨다. 주로 특별한 의식을 거행하기 위해 마련하는데, 조선왕조에서는 궁궐의 정전이나 침전 앞에 반드시 설치했고 서울 문묘 대성전이나 명륜당에도 세웠다. 그 가운데 규모에 있어서나 장대한 외관에서 종묘의 월대는 가장 돋보이는 것이었다. 이 월대는 제례가 있을 때 제관들이 대열을 이루어 행사에 참여하고 악공과 무녀들이 음악을 연주하고 춤을 추는 장소로 쓰였다.

월대 바닥은 얇은 화강석들로 가득 덮여 있다. 돌들은 표면이 거칠게 다듬어져 있고 일부러 줄을 맞추지 않은 듯 불규칙하게 깔려 있다. 이 거칠고 줄을 맞추지 않은 불규칙한 배열이 월대 바닥을 친근감 있고 지루하지 않은 공간으로 만든다. 바닥 전체는 완만한 곡면을 이룬다. 넓은 바닥 한가운데 서면 하늘이 더 크고 넓게 보인다. 하늘의 감응을 기원하며 역대 임금께 제사지내던 건축의 가장 극적인 형태가 여기 달성되어 있다.

건축의 극적 효과는 평상시의 비어 있는 때가 아니고 실제 제례가 진행되는 순간에 최고조에 달한다.

제사는 신령님을 기쁘게 하는 경사스런 의식이다. 따라서 제례에는 정성을 다한 음식을 내고 아름다운 음악과 춤을 곁들이는 것이 상례였다. 음식은 가장 깨끗하고 신선한 것을 택해서 마련하고 그 종류도 각종 식물의 열매와 소, 돼지, 양 등 동물의 고기를 기본으로 자연이 베풀어 주는 근본되는 것을 망라한다. 종묘대제의 경우 진설되는 음식은 각 신주마다 열두 개의 그릇이 6, 7줄로 나열되어 칠팔 십 가지를 쉽게 넘는다.

종묘는 격식으로 보면 사직단보다 순서가 뒤가 된다. 사직단은 지기 즉 땅의 신이고 종묘는 인귀로 사람의 신이기 때문이다. 그러나 실제 의식의 장대함이나 일상의 중요도로 보면 종묘 쪽이 사직단보다 더 큰 비중을 차지했다. 그만큼 제례도 더 장대한 것이었다. 종묘의 제사는 춘, 하, 추, 동, 사계절과 납일의 다섯 차례를 기본으로 하고 여기에 새해,

한식날, 단오, 추석, 동지 등의 속절에 간략한 의식을 치렀다. 왕세자가 성장해서 관례를 치르거나 결혼해서 세자빈을 맞는 등 나라에 경사가 있으면 종묘에 알리고, 왕실에 장례가 있거나 다른 흉사가 있어도 이를 종묘에 나가 알렸다. 궁궐에 화재가 발생하면 신령들을 평안치 못하게 한 점을 죄송스럽게 여겨 제례를 올렸다. 또 계절을 따라 햇과일과 햇곡식이 나올 때 이를 종묘에 바치는 천신제를 치렀다. 이런 여러 제사 가운데 왕이 직접 제향을 올리는 친제가 되면, 왕세자와 문무백관, 종친이 모두 참석하였으므로 그 행사의 장대함은 다른 어떤 제례에 비길 바가 아니었다.

종묘제례는 신을 영접하고 음식과 술로 즐겁게 해드린 후 신을 보내드리는 순서로 진행된다. 그 사이에 음악과 춤이 곁들여진다. 모든 제관들이 의관을 갖추고 정전 마당에 늘어서서 제를 올릴 준비가 되면 각 신실은 오랜만에 문이 활짝 열리고 각 신주가 신좌에 모셔진다. 이윽고 왕이 구장면복을 갖추어 입고 손에는 청옥으로 만든 규를 잡고 동문을 들어선다. 구장면복은 가장 존엄한 의식 때 왕이 입는 모자와 의복이다. 모자는 겉은 흑색에 안은 홍색인 네모난 판에 앞뒤에 황, 적, 청, 백, 흑색의 구슬이 열두 줄로 매달려 있고 옷은 겉은 흑색이고 안은 청색으로 되고 상의에 용을 수놓은 어깨 장식을 비롯한 5장의 치장이 있고 하의에 식물 문양을 꾸민 4장의 치장을 한 화려한 것이다. 그 뒤를 따른 왕세자는 이보다 조금 치장이 적은 7장면복을 갖춘다. 나머지 제관은 신하들의 정장인 금관조복의 제복을 입는다.

왕과 왕세자 및 모든 신하들이 네 번 크게 절함으로써 신주를 뵙는 참신(參神)을 한다. 참신 후에 향로에 향불을 세 번 지피는 상향을 하는 영신례, 술을 따라 땅에 세 번 붓는 신관례에 이어 제수를 올리는 진찬례를 진행한다. 탁자에는 소, 돼지, 양의 고기와 오색의 과일 등이 가득 차려진다. 이 때 악공들은 조정의 문덕(文德)을 기리는 보태평 음악을

사진 23. 종묘 제례 광경

울리고 춤추는 사람들이 보태평 춤을 춘다. 뒤이어 왕이 신위에 술을 올리고 축관이 축문을 읽어 고하는 초헌례가 거행된다. 이 때도 보태평이 연주된다. 초헌이 각 실마다 거행된다. 느리고 장중한 음악이 길게 연주되는 가운데 각 실마다 술을 올리고 축문을 읽는 장엄한 의식이 치러지는 것이다. 이어서 아헌관인 왕세자가 술잔을 올리는 의식이 따르고 다시 종헌이 이루어진다. 아헌과 종헌 때는 조정의 무덕(武德)을 기리는 정대업 음악과 춤이 연주된다. 종헌 후에는 헌관이 술잔을 받는 음복을 하고 음복을 마치면 제수를 거두는 철변두 절차가 이어진다. 다시 음악이 연주되고 헌관 이하 모든 참례자가 4배를 올리고 나면 송신악이 연주되는 가운데 신을 전송한다. 축문 등을 태우는 것으로 제례가 끝나게 된다.

종묘 제례는 음악과 춤, 그리고 아름다운 향기와 음식이 어우러진 경사스런 잔치다. 최고의 복장을 갖추고 인간사의 가장 즐거운 음식과 음악과 춤이 어우러진 속에 조상을 기쁘게 하려는 정성이 담겨 있다. 종묘 건물의 장대한 긴 19간 건물과 장대한 월대는 비로소 최고의 순간을 맞는 것이다.

종묘제례는 지금도 이어지고 있다. 다만 그 회수는 1년에 한 번으로 그치고 있고 제례의 절차도 많이 생략되었다. 지금은 나라에서 치르는 것이 아니고 전주이씨 종약원이 문중의 행사로 치르고 있다. 그러나 비록 많이 축약된 속에도 과거 종묘 제례가 갖고 있던 장엄한 의식의 분위기는 잘 전해지고 있다. 건물의 지속성 못지않게 그 의식이 현재까지 지속되고 있다는 점에서 제례 의식이 갖는 영속성을 발견하게 된다. 이 영속성이야말로 유교가 추구하고자 했던 인간 본연의 중요한 가치의 하나였다.

4. 문묘와 향교

공자의 신주를 모신 문선왕묘는 일반 제사 시설과 구별되는 특별한 의미를 지닌다. 유교를 통치 이념으로 삼은 조선왕조에서는 문선왕묘의 제사는 비록 선농단이나 풍운뇌우단의 제사와 같은 중사(中祀)의 하나지만 각별한 격식을 갖고 있었다. 문묘는 항상 성균관이나 향교와 영역상으로 하나를 이룬다는 데 그 특징이 있다. 성균관은 나라 최고의 교육기관이었으며 그 학생들은 장차 나라 고급관리가 되는 것이 보장된 인물들이었다. 지방의 향교 역시 유학 교육을 책임지는 기관으로써 특별한 지위를 부여받고 있었다. 본래 제사 시설인 문묘는 교육기관인 성균관이나 향교와 성격상 전혀 이질적인 것이다. 그러나 공자에 대한 제사 행위와 유학의 교육이 갖는 동일한 목적 의식이 두 기관을 한 영역 안에 수렴시켰다.

도성의 문묘에는 왕이 직접 제사에 참여한다. 왕은 왕세자 이하 여러 신하들을 거느리고 공자의 신주를 모신 대성전에 나가 제사를 지내고 이어서 성균관의 명륜당에 나가 시학(視學) 의식을 치른다. 시학이란 학교를 둘러본다는 의미인데 이 때에는 주로 성균관의 교수들과 학생을 직접 대면해서 이들에게 술을 내리는 의식을 치른다. 시학 의식 때 왕은 명륜당 정당에 나오고 명륜당 앞 넓은 뜰에는 강서관과 학생들이 도열해서 의식에 참여한다. 서울 문묘와 성균관은 이런 의식을 염두에 두고 그 건축 공간이 구성되었다.

서울 문묘는 네모 반듯한 울타리 안 북쪽에 대성전이 놓이고 그 앞 넓은 마당을 비워 두고 마당 좌우로 동무와 서무가 대칭으로 서 있다. 대성전에는 실내 북쪽 중앙에 탁자를 놓고 그 위에 공자의 위패를 모시며 좌우에는 안자, 증자, 자사, 맹자 네 제자의 위패를 그리고 다시 그 좌우 곁에 10명의 제자 위패를 둔다. 대성전은 5간 규모로 하고 앞 한 간은 개방해서 제사시 헌관이 움직이기 편하도록 한다. 문묘 제례시에도 음악과 춤이 따른다. 종묘 제례보다 규모가 크게 축소되기는 하지만 4배를 하고 향을 올리고 술을 바치는 절차는 다름이 없다. 이런 의식을

사진 24. 서울 문묘 대성전

원활히 수행하기 위해서 대성전 앞에도 월대가 마련된다.

동무와 서무에는 대성전에 들어가지 못한 중국 선현들의 위패를 모시고 서무 한쪽에 최치원을 비롯한 우리나라 선현 위패도 함께 모신다. 무(廡)는 큰 집 또는 곁채라는 뜻을 갖고 있으므로 동무와 서무는 각기 동쪽과 서쪽에 있는 본전 곁에 있는 큰 집이란 의미가 된다. 건물의 형식은 대성전보다 격을 크게 낮추어 간소하게 꾸민다.

보통 문묘 알현이 끝나면 왕은 명륜당 실내 한복판에 마련한 어좌에 앉아 시학 의식에 참여한다. 명륜당 역시 건물 앞에 월대가 놓이고 앞에 넓은 마당을 갖추며 마당 좌우로 유생들의 기숙사인 동재와 서재가 좌우 대칭으로 길게 놓인다. 재(齋)는 집을 뜻하며 특히 공부하는 집이란 의미를 갖는다. 명륜당은 가운데 정청의 지붕이 높고 좌우 익사지붕이 낮은 모습을 해서 지방 도시의 객사와 유사한 외관을 한다. 이런 지붕 형식은 고려시대에는 더 일반적으로 궁궐이나 다른 관청 건물에 널리 쓰였던 것으로 보이는데 조선시대에 들어오면서 궁궐의 침전이나 객사 그리고 성균관 명륜당 정도에 남게 된 건물 형식이다.

성균관의 동재와 서재는 건물의 정면이 마당을 향해 있지 않고 돌아앉아 있는 점이 특이하다. 아마도 명륜당 앞마당은 왕의 시학 행사를 치르는 공간인 만큼 이 마당을 향해서 학생들의 기숙사 입구를 마련하는 것이 적절하지 않다는 판단에서 나온 것으로 보인다. 동 서재의 실내 바닥은 온돌 구조를 이룬다. 조선 초기인 세종 7년에 유생들 가운데 습질을 앓는 사람들이 늘어나면서 재사에 온돌을 설치했다는 기사가 있으므로 아마도 이 때부터 온돌이 설치되기 시작한 듯하다.

서울 문묘의 대성전과 명륜당은 서로 독립된 울타리를 갖추고 있다. 대성전 구역이 앞에 있고 바로 담장을 이어서 명륜당 구역이 자리잡는다. 두 건물이 모두 중앙 북쪽에 본전을 두고 앞에 넓은 마당을 갖추고 마당 좌우로 부속 건물을 대칭으로 둔 배치 형식을 취했다. 각 건물들은 치장하는 곳이 없이 간결하고 엄격한 외관을 갖추어 유교적인 절제와 균형의 아름다움을 갖추었다. 이런 서울 문묘와 성균관의 건축 규범은 그대로 전국 지방 도시의 문묘와 향교로 전파되었다.

지방 도시의 경우 역시 문묘와 향교는 본래 그 성격이 다른 것이었다. 문묘가 지방에서 공자를 위시한 선현에게 제사지내는 곳인 데 반해 향교는 지방 유생의 교육기관이었다. 그러나 도성의 예를 따라 지방 도시에서도 이 두 기관은 한 영역에 들어가게 되었다. 지방 도시에서는 문묘의 제사보다는 향교의 존재가 더 일상적으로 중요한 의미를 지녔던 것으로 보인다. 일 년에 두세 번 정도 치르는 형식적인 문묘 제사보다는 토지와 노비를 보유하고 학생들을 가르치는 현실적인 역할을 담당한 향교 쪽이 더 중시된 셈이다. 따라서 지방에서는 문묘는 향교에 속해 있는 것으로 받아들여졌다.

지방 향교의 경우 제사 공간인 대성전 일곽과 교육 공간인 명륜당 일곽을 배치하는 방식에 여러 가지 변형이 나타났다. 조선 초기에 자리잡은 대도시의 향교는 서울 문묘와 성균관처럼 제사 공간이 앞에 놓이고 뒤에 교육 공간이 자리잡는 것이 일반적이다. 경주향교나 전주향교가 좋은 예이다. 그러나 점차 이와 반대되는 공간 구성이 일반화되었다. 즉

사진 25. 밀양 향교 대성전 마당

사진 26. 밀양 향교 명륜당 앞마당

교육 공간인 명륜당 일곽이 앞에 놓이고 뒤에 대성전을 비롯한 제사 공간을 두는 방식이다. 근래에 이런 배치의 차이를 두고 앞의 방식을 전묘후학, 뒤의 방식을 전학후묘로 말하기도 한다.

지방 도시의 경우, 향교는 읍내 중심부에서 조금 떨어진 외곽에 자리잡는 것이 보통이다. 대개 그 지세는 평탄한 곳보다는 약간의 경사가 있는 곳이기 쉽다. 이럴 경우 경사진 뒤쪽의 높은 곳에 명륜당을 지어 문묘를 내려다보이도록 하는 것은 아무래도 격식에 맞지 않는 것으로 생각되었던 듯하다. 또 도성처럼 왕이 직접 문묘 향사에 참여하는 경우라면 대성전이 앞에 놓여 마땅하겠지만 지방의 문묘 향사는 자주 치르는 것도 아니므로 굳이 앞부분에 대성전을 둘 필요도 없다고 여겨졌을 것이다. 이런 사정들이 복합되면서 향교의 건물 배치는 점차 대성전이 뒤에 놓이는 형식으로 자리잡아 갔다고 생각된다. 그러나 전국 3백여 군데 향교가 모두 획일적인 배치 방식에 따르지 않은 것은 물론이다. 곳에 따라서는 대성전과 명륜당이 좌우에 나란히 놓이는 곳도 있고 평탄한 지세에 조선 후기에 새로 지으면서도 대성전을 앞에 두는 경우도 있다. 각 지역이 갖고 있던 고유한 여건들이 건물 배치에 반영된 결과이다.

향교 건물은 특별한 감흥을 주기 어렵다. 제사 건물이 갖는 경직되고 딱딱한 단조로움이 주류를 이룬다. 명륜당도 가운데 대청을 두고 좌우에 온돌방을 갖춘 평범한 5간 건물로 일관된다. 건물 자체도 간소하고 눈길을 끌 만한 치장도 보이지 않는다. 그러나 향교는 지방 도시의 한 부분을 차지하면서 도시 구성의 일정한 몫을 담당한다. 향교 동구에는 홍살문이 놓여 진입 부분의 경건함을 일깨운다. 향교가 있는 곳은 책임자인 전교를 비롯해서 향교를 관리하는 사람들이 모여 하나의 마을을 이룬다. 교동, 교촌이라는 이름으로 남아 있는 이 향교 마을은 읍내 마을과는 구분되는 또 하나의 거주 영역을 구성한다.

조선 후기에 오면서 대부분의 향교에는 누각이 세워진다. 누각은 한

여름 더위를 피하는 데 쓰이기도 하지만 주로 향교에 속한 사람들의 모임이나 휴식 그리고 외부 손님의 접대 장소로 이용된다. 이런 누각은 불교 사찰에서 일찍부터 나타나서 서원이나 향교에도 널리 보편화된 건물이다. 이 누각이 향교에 유행하면서 전체의 건물 구성이나 경관에 색다른 변화가 생겼다. 누각은 주로 정문을 들어서서 바로 지어지거나 아니면 정문 그 자체 건물로 많이 지어진다. 즉 누각의 아래층을 출입구로 하고 이층을 누각으로 꾸미는 것이다. 이렇게 해서 단조롭고 평범하던 향교는 공간 구성에도 변화가 생기고 형태에 율동감이 만들어지게 되었다. 때로는 명륜당 자체가 누각의 형태를 취하는 과감한 변형도 생겨난다.

안성향교의 누각은 정면 11간의 장대한 규모이다. 아래로는 중앙에 출입문이 나 있고 위에는 개방된 긴 마루방이 장쾌한 실내를 이룬다. 벽을 막은 판문을 열어 제키면 푸른 숲 사이로 멀리 안성 읍내의 한 부분이 눈에 들어온다. 안성은 조선 후기에 와서 장시의 발달과 함께 급격히 경제력이 성장한 도시였다. 이런 경제 성장의 자신감이 이런 장대한 누

사진 27. 안성 향교 명륜당

각을 짓는 힘이 되었다. 강릉향교도 명륜당이 누각 형태를 취한 특이한 예다.

최근 들어 향교의 교육 기능은 완전히 소멸되었다. 다만 남은 것은 문묘의 제사 기능뿐이다. 그 제사도 매우 소략하게 또 거의 사회적인 주목을 받지 못하고 향교 주변 사람들 사이에서 치러지고 있다. 그러나 향교는 조선시대 도시가 갖고 있던 기본적인 골격 가운데 유일하게 그 본래 모습을 지키고 있는 건물이다. 도시는 인구가 늘고 영역이 무질서하게 팽창하면서 고유한 경관이나 정신적 중심을 거의 상실하고 있다. 지방도시의 이런 변화를 보면서 홍살문을 앞에 두고 주변에 최소한의 숲을 유지하면서 조선시대 건축의 격식을 간직하고 있는 향교에 새삼 주목하게 된다.

4

왕권을 상징하는 궁궐 건축

1. 경복궁과 창덕궁

경복궁은 도성을 한양으로 옮기고 만 1년 만인 태조 4년 9월에 창건되었다. 왕은 정도전을 시켜 궁의 이름과 주요 전각의 이름을 짓게 하였다. 정도전은 "궁궐이란 것은 임금이 정사하는 곳이요, 사방에서 우러러보는 곳입니다. 신민(臣民)들이 다 조성(造成)한 바이므로, 그 제도를 장엄하게 하여 존엄성을 보이게 하고, 그 명칭을 아름답게 하여 보고 감동되게 하여야 합니다"고 말하고, 『시경』이나 『서경』 등 고대 경전에서 아름다운 구절을 찾아 그 이름을 지었다.

궁 이름은 『시경』에 나오는 "이미 술에 취하고 덕에 배가 불러서 군자의 만년에 빛나는 복〔景福〕을 빈다"는 구절에서 따오고, 정전은 "천하의 일은 부지런하면 다스려지고 부지런하지 못하면 폐하게 된다"는 뜻에서 근정(勤政)이라 했다. 정사를 보는 편전에 대해서는 "생각하면 슬기롭고 슬기로우면 성인이 된다"는 『서경』의 구절을 인용해서 사정전(思政殿)이라 하고 또 침전에 대해서는 『서경』에 있는 정치도덕의 아홉 원칙을 정한 홍범구주의 오복 가운데 하나를 취해서 강녕(康寧)이라고 했다.

경복궁은 백악 아래 남향한 곳에 자리잡았다. 백악이 도성 서북쪽에 치우쳐 있었으므로 경복궁은 도성 서북 뒤편에 놓이게 되었다. 도성 내의 위치 관계로 볼 때 고려 때의 궁궐과 거의 같았다. 그러나 궁궐의 건물 배치는 고려 궁궐과는 다른 모습이었다.

경복궁이 있는 곳은 지세가 평탄한 곳이다. 궁의 중요 건물들은 중심축선상에 남북으로 나란히 놓였다. 궁의 정문인 광화문이 궁성 남쪽 중앙에 놓이고 그 뒤로 정전인 근정전, 편전인 사정전, 침전인 강녕전이 세워졌다. 궁성은 거의 장방형을 이루고 동, 서, 남, 북 네 곳에 출입문을 냈다. 정문인 광화문 앞으로는 남쪽으로 곧게 뻗은 큰 길을 내고 길 좌우에 6조의 관청을 배치하였다.

경복궁 건설에 주도적인 역할을 한 인물은 정도전이었다. 정도전은 이성계를 도와 조선왕조를 건국하는 데 크게 기여했으며, 유교적인 질서 속에서 새 왕조의 통치 이념을 수립하고자 애썼다. 나라를 다스리는 기본 정책을 적은 『조선경국전』의 예의 제도를 다룬 첫머리에서 "예에 관한 설이 많지만 그 핵심은 질서라는 것에 불과할 뿐이다. 조정은 존엄을 주로 하기 때문에 인군은 높고 신하는 낮은 것이며, 인군은 명령하고 신하는 그를 시행하는 것이다. 그러므로 조관과 회동을 하여 대위를 바르게 하고 백관을 통솔하는 것이니, 이것이 곧 조정의 질서인 것이다"고 하였다. 경복궁 건물 배치에 직선 축을 살리고, 네모 반듯한 궁성을 두르고 궁성 정문 앞에 6조의 관청을 대칭으로 세운 것은 이런 질서의식을 건축에 표출시킨 것으로 이해된다.

경복궁이 완성되고 불과 3년 후에 정도전은 태조의 다섯째 아들 이방원이 일으킨 왕자의 난으로 죽었다. 그리고 이듬해에 제2대 왕 정종은 한양을 떠나 옛 도성인 개경으로 서울을 옮겼다. 경복궁은 불과 4년 만에 빈집이 되고 말았다. 형으로부터 왕위를 물려받은 제3대 왕 태종은 즉위 4년째 되던 해에 다시 도성을 한양으로 옮겼다. 그러나 태종은 부왕이 건설한 기존 도성 대신에 무악 아래 새 도성을 세우고자 하였다.

사진 28. 경복궁 근정전 주변

신하들의 반대에 부딪혀 결국 무악 천도의 꿈을 이루지 못한 태종은 그 대신 궁궐을 하나 새로 지어 자신의 거처로 삼았다. 창덕궁이다.

창덕궁은 여러 면에서 경복궁과 달랐다. 그 지세는 평탄하지 않다. 응봉에서 내려오는 산줄기가 몇 번 언덕과 골을 이루는 비좁은 곳에 궁의 중심부가 놓였다. 궁의 정문은 서남 모서리에 있고 문을 들어서면 오른쪽으로 길이 꺾여서 다리를 건너 다시 왼쪽으로 꺾여 정전인 인정전에 이르게 된다. 편전은 정전의 동쪽에 있고 다시 그 동편 일대에 침전이 자리잡는다. 여기서는 경복궁에서 보는 직선 축상의 배치는 찾아볼 수 없고 각 건물들은 지형 조건에 맞추어 서로 이웃해서 자리잡고 있다.

창덕궁의 건물 배치는 기본적으로 고려 개경의 궁궐과 일치된다. 고려의 정궁은 도성 서북쪽 송악산 아래 있었는데, 궁의 정문인 광화문은 동남 모서리에 놓였고 이 문을 들어서서 정전인 건덕전에 이르기 위해서는 서북 방향으로 두 차례 정도 직각으로 꺾여진 길을 따라가야 했다. 편전은 정전의 서쪽편에 있었고 침전은 그 뒤쪽에 자리잡았다. 나중에

사진 29. 창덕궁 전경

대규모 불교 행사나 송나라 사신 접견을 위해 회경전을 세우고 남북 방향의 또 하나의 건물 군을 조성했지만, 조하의식 등 통상적인 궁궐 기능은 서북쪽의 건덕전 일대였다. 고려 궁궐의 기본 배치는 송악산 아래 경사진 지형 조건에 맞추는 것이었다. 그리고 이 정신은 창덕궁에서 그대로 계승되었다.

태종은 재위 18년 동안 줄곧 창덕궁에만 머물고 경복궁에 들어가는 것을 꺼렸다. 경복궁에는 간혹 중국 사신이 왔을 때 연회 장소로 이용하는 정도였으며 이런 행사를 위해 경복궁 안에 경회루를 새로 지었을 따름이다. 오히려 태종 14년에는 지금 정동과 경희궁 주변에 해당되는 여경방에 새 궁을 세워 이 곳을 본궁으로 삼으려고 했다. 여경방에 본궁 건설을 명하면서 태종은 "태조가 처음에 경복궁을 지을 때 하윤이 상서하여 정지시키고 말하기를, '산이 갇히고 물이 마르니 왕이 사로잡히고 족속이 멸할 것이므로 형세가 좋지 않습니다' 고 하였으나, 태조가 짓던 전각과 낭무가 이미 갖추어졌고, 만약 중국의 사신을 응접하는 일이 있으면 반드시 이 곳에서 해야 하기 때문에 내가 또 경회루를 그 옆에 짓고, 따로 이 곳에다 창덕궁을 지었다"고 하고 여경방에 본궁을 짓는 것은 재액을 막을 장소로 삼기 위한 것이라고 했다. 이 궁은 지어지지는 않았다.

제4대 왕 세종은 경복궁에서 즉위식을 가졌다. 그리고 경복궁을 대대적으로 개수했다. 특히 침전 부분을 개축했는데, 강녕전을 다시 지어 규모를 늘리고 왕비전으로 교태전을 새로 지었다. 경복궁을 다시 왕실 정궁으로 정착시킨 것이다. 세종은 창덕궁에도 가끔 머물렀지만 조하의식이나 기타 가례 행사를 주로 경복궁에서 치렀다. 그렇게 해서 경복궁을 국가적인 공식 행사를 치르는 왕실 정궁으로 확립시켜 나갔다.

세종 때에는 여전히 경복궁의 터가 왕이 머물기에 적합하지 않다는 풍수가의 주장이 나돌았다. 경복궁의 주산인 백악이 도성의 정북방에 있지 않기 때문에 위치가 맞지 않고 또 궁터 자체가 왕실에 길하지 못하다는 의견이었다. 세종 자신은 이 의견을 전혀 부당한 것으로 생각하지는 않았지만 그렇다고 그 주장에 동요되어 궁을 옮기려고 하지는 않았다. 오히려 왕조 정궁으로서의 경복궁의 위치를 예제의 정비를 통해서 확립시켰다.

세종은 국가적인 예의 제도인 오례의 절차를 정비했다. 이 가운데 조하의식이나 즉위식 등 궁궐에서 치르는 의식을 경복궁에 맞추어 상세한 규정을 정했다. 정월 초하룻날 문무백관이 왕에게 조하를 할 때 왕은 강녕전에서 사정전을 거쳐 근정전의 어느 위치에 어떻게 나서는지, 또 신하들의 위치는 어디가 되는지 등 상세한 의례 절차를 경복궁의 전각에 준해서 정해 나간 것이다. 이로써 경복궁은 조선왕조의 명실상부한 정궁의 격식을 굳혀 나갈 수 있었다.

경복궁과 창덕궁은 여러 면에서 대조되는 궁이었다. 두 궁은 입지 조건에서 큰 차이를 가졌다. 경복궁이 도성의 주산 아래 평탄한 지형을 택하여 자리잡은 데 반해서 창덕궁은 굴곡이 많은 지형을 골라 지었다. 건물의 배치에서 경복궁은 6조 관청을 앞에 두고 네모난 울타리 안에 남북 직선축선상에 중심 건물을 나란히 배열하는 질서 정연한 구성을 보였다. 이에 반해서 창덕궁은 진입 과정에 몇 차례의 굴곡이 생기고 건물들도 지형 조건을 살려 옆으로 펼쳐져 나갔다.

경복궁을 조성하는 데 결정적인 역할을 한 정도전은 철저한 유학자였다. 정도전은 『불씨잡변』 등의 저술을 통해서 고려 말 귀족사회의 정신적 지주였던 불교의 사회적 폐단과 철학적 비합리성을 비판, 공격하였다. 그는 성리학만이 정통적인 학문임을 이론적으로 정립하여 유교 입국의 사상적 기초를 다졌다. 경복궁의 건물 명칭은 모두 고대 유교 경전에서 취하였다. 그만큼 경복궁의 기본 정신은 유교적인 통치 질서의 실현에 있었다. 그 바탕에는 풍수가들의 도참사상에 영향받지 않는 유교적 합리정신이 깔려 있었다. 반면에 창덕궁은 고려시대 이래 관습적으로 이어 오던 궁중 생활의 편의를 반영해서 조성되었다. 굴곡 많은 지형을 선택해서 지세에 맞추어 건물을 배치하고 진입 과정에도 몇 차례의 굴곡을 유도하였다. 두 궁궐의 이러한 차이점은 이후 두 궁궐의 역사적 전개에 커다란 차이를 만들어 나갔다.

2. 궁궐제도와 궁중 행사

조선왕조의 궁궐은 기본적으로 내전과 외전 두 부분으로 구성되었다. 내전은 침전을 비롯한 궁중의 일상생활을 영위하는 곳이고 외전은 조하의식 등 공식적인 궁중 행사를 치르고 정치를 행하는 곳이다. 외전이 궁궐 앞에 놓이고 내전이 뒤에 위치하기 때문에 그 위치 관계는 흔히 전조후침(前朝後寢)으로 부른다.

궁궐은 나라를 다스리는 곳이고 왕이 머무는 건물이므로 일정한 법칙과 제도가 없을 수 없다. 고대 중국의 경전에서도 이 문제는 일찍부터 언급되고 있다. 『주례』에서는 궁궐이 크게 내조(內朝)와 외조(外朝)로 이루어져 있고, 내조는 다시 왕이 휴식하는 연조(燕朝)와 정치를 듣는 치조(治朝)로 구성되었다는 언급이 있다. 또 연조와 치조 사이에 노문(路門)이 있고 치조와 외조 사이에는 치문(雉門)이 있어야 한다고 하였다. 그러나 다른 기록과 마찬가지로 『주례』에 적힌 내용은 궁궐 전체의 제도를 설명한 것이 아니고 궁과 관련한 관리들의 임무를 기술한 것이어서 그 내용이 불확실하다. 그 때문에 이 궁궐 제도에 관한 『주례』 경전에 대해서도 여러 가지 다양한 주석과 이설이 나타났다.

『주례』를 비롯한 고대 경전을 바탕으로 후대 경전 해석가들이 하나의 이상적인 궁궐 제도로 주장한 것은 천자는 5문 3조, 제후는 3문 3조로 이루어진다는 설이었다. 3조란 연조, 치조, 외조를 가리키며 각각에 천자의 궁은 5개의 문, 제후는 3개의 문을 둔다는 것이다. 문의 명칭 역시 여러 이설이 있지만 대체로 노문과 치문에 대해서는 일치되는 경향이다. 이 가운데 치조의 밖에 있는 치문에는 좌우에 높은 대가 있어 양관(兩觀)이라고 불렀다고 하며, 노나라에서는 치문을 궐문(闕門)이라고 불렀다고 한다. 궐이란 좌우에 높은 대를 갖춘 문을 의미하며, 이 곳에 새로운 정책을 걸어 백성들에게 알렸다고 한다. 궁궐의 궐은 이 궐대를 가리킨다. 치문 밖은 신하들이 나라 일을 보는 외조가 되며 그 밖은 궁성의 문인 고문(皐門)이 된다는 것이다.

그러나 이것은 어디까지나 경전 해석가들이 생각해 낸 이상적인 궁궐관이었고 실제 역대 중국의 궁궐이 이런 제도를 그대로 수용해서 지었는지는 불분명하다. 우리나라에서도 이러한 이상적인 궁궐 제도가 수용되었다는 근거는 보이지 않는다. 다만 고대 경전 연구에 밝았던 정조가 아직 왕세손으로 있을 때, 당시 머물고 있던 경희궁의 건물들을 기술한 『경희궁지』에서 내전의 건물들을 연조로, 외전의 정전 등을 치조로 정의한 기록을 볼 수 있을 뿐이다.

실제로 조선왕조는 물론 고려 왕조 때부터 궁궐의 공간을 언급한 문헌에서는 일관되게 내전과 외전이라는 용어를 사용해 왔다. 세종 원년 8월에 경복궁으로 들어가기 전에 그 수리에 임해서 왕은 외전이 칙명을 맞는 곳이므로 불가불 수리해야 하지만 내전은 그대로 두라는 명을 내리고 있고, 숙종 21년에 처음 편찬된 『궁궐지』에서는 창덕궁의 인정전을 '수조정전(受朝正殿)', 대조전을 '대내정전(大內正殿)'으로 정의하여, 조하를 받는 영역과 대내 즉 내전의 영역을 명확히 구분하여 각각의 정전으로 인정전과 대조전을 명시하였다.

조선왕조 궁궐을 내전과 외전으로 구분지을 때, 그 공간 구성의 원칙은 전조후침으로 요약될 수 있다. 경복궁은 외전과 내전의 전후 위치 관계가 명확히 구분되어 있는 점에서 소위 전조후침의 전형적인 사례로 꼽힌다. 근정전에서 사정전에 이르는 정치를 행하는 공간과 그 뒤에 이어지는 강녕전과 교태전 등 침전의 위치가 앞뒤로 분명하게 나뉘어져 있다. 이에 비해서 창덕궁의 경우는 외전과 내전의 위치 관계가 명백한 전후 관계를 이루지는 않고 있다. 내전의 정전인 대조전은 인정전의 동북 방향에 놓여 있다. 그러나 전체적으로 본다면, 인정전이나 선정전 등 정치를 행하는 부분이 궁의 정문인 돈화문에 가까이 위치하고 있고 그 뒤편에 내전의 여러 전각이 자리잡고 있는 점에서는 역시 전조후침의 기본 관계를 갖추고 있다고 할 수 있다.

전조후침의 원칙보다 실제로 조선왕조 궁궐에서 중요시한 것은 오례의 각종 의식을 어느 장소에서 어떻게 수행할 것인가 하는 기능적인 문제였다. 궁궐은 종묘와 사직 다음으로 예의 질서를 실천하는 상징적인 공간이었기 때문이다. 오례와 관련해서 궁궐에서 치르는 행사는 다양하다. 가례와 관련한 행사가 가장 많았지만 외국 사신을 접대하는 빈례나 군례, 흉례에 대한 의식도 소홀히 할 수 없는 행사였다.

가례와 관련한 행사 가운데 가장 중요한 것은 중국 황제에 대한 망궐례나 중국 사신이 가져오는 칙서를 받는 의식, 그리고 왕이 문무백관으로부터 조하를 받는 의식이었다. 이 행사는 모두 궁궐의 정전에서 치러졌다. 이밖에 일상적인 것은 아니지만, 왕세자의 관례나, 왕비를 맞는 의식 또는 왕세자빈을 맞는 의식들이 역시 정전에서 치러졌다. 또한 정전에서는 종묘대제 같은 큰 제사를 치르거나 나라에 경사가 있을 때 치르는 하례를 거행하고, 교서를 반포하거나 문무과의 전시를 치르고 문과의 과거 급제자 명단을 게시하는 의식도 거행했다. 빈례의 경우, 중국 황제의 사신을 영접하는 행사는 태평관에서 치르지만, 일본, 유구 등 이웃나라 사신은 정전에서 맞이한다.

내정전 즉 내전 정전에서는 왕비가 정2품 이상 대신의 부인으로부터 하례를 받는 의식이 치러지며 문무백관이 왕세자에게 조하를 올리는 의식은 동궁 정당에서 치러졌다.

신하들이 정사를 논의하기 앞서 왕에게 예를 표하는 의식 중에는 특별히 한 달에 네 번 치르는 조참(朝參)과 매일 예를 올리는 상참(常參)이 있다. 조참은 정전의 문에서 치르고 상참은 편전에서 치른다. 또 군례의 하나인 큰 사열 의식과 섣달 그믐 전날밤에 악귀를 쫓는 뜻으로 치르는 대나(大儺) 의식은 광화문에 어좌를 설치하고 거행한다. 왕실에 상을 당하여 흉례를 치를 때에는 보통 편전을 혼전으로 삼아 의식을 치른다.

이처럼 궁궐의 정전과 편전, 내전 정전이나 정문 등은 모두 일정한 의식을 치르는 장소로 규정되어 있었다. 따라서 이들 건물의 위치나 규모, 건물 형태 등은 각 건물에서 치르는 의식에 맞추어 설계되고 조성되었음은 물론이다. 특히 경복궁은 이들 국가적인 행사를 치르는 주 궁궐이었기 때문에 경복궁의 각 건물들은 오례의 의식과 밀접한 관계를 갖고 있었다.

한 예로 정월 초하루에 경복궁 근정전에서 문무백관이 조하를 드리는 의식을 나타낸 『세종실록』의 그림을 보면, 근정전 안에는 중앙에 왕의 어좌가 놓이고 주변에 창검을 든 군사들이 호위하며, 상월대 중앙에는 각도에서 올라온 진상품이 나열되고 근정전 앞 마당 한가운데는 각종 악기를 든 연주자들이 늘어서고, 그 좌우로 왼쪽에 정1품 이하 문관들, 우측에는 대군과 무반들이 늘어서고, 행각에는 울긋불긋한 깃발을 든 군사들이 행각 가득히 나열해 있다. 시위하는 군사들은 월대 곁에서부터 근정문에 이르기까지 죽 별여 늘어서는데 그 숫자는 무려 2,943명에 이른다. 여기에 문무백관의 숫자를 포함하면 전체 행사 참여자는 3천명을 넘는다. 근정전 앞 넓은 마당은 이러한 행사를 대비한 공간으로 마련되었던 것이다.

근정문은 조참을 거행하는 장소로 중요하지만 이 문에서는 왕의 즉위식이 거행된다는 점에 특별한 의미가 있다. 왕의 즉위식은 선왕이 죽어서 아들이 왕위를 물려받는 경우와 선왕이 살아 있는데 왕위를 양보받아서 즉위하는 경우, 또는 반정을 일으켜서 즉위하는 경우에 따라서 즉위 절차가 달랐는데 가장 일반적인 선왕 사망에 따른 즉위는 대개 근정문에서 치렀다. 먼저 선왕의 빈전에서 왕권을 상징하는 대보(大寶)를 전달하는 의식이 치러지고 이어서 새 왕이 근정문에서 하례를 받고 나서 즉위교서를 반포하게 되는 것이다.

조참이 있을 때, 왕의 위치는 근정문의 한가운데〔正中〕였다고 한다. 따라서 근정문은 단순한 통과를 위한 건물이 아니고 문에서 일정한 의식을 치르는 장소였다. 후대에 중건된 근정문은 정면 3간에 측면 2간으로 충분한 공간을 확보하고 있다. 어좌를 설치하기에 필요한 공간을 확보한 결과이다.

경복궁은 각 건물이 남북으로 일직선상에 놓여 있었다. 즉 남쪽에 근정문이 있고 그 북쪽 일직선상에 정전인 근정전이 놓이고 그 뒤로 편전인 사정전, 그 뒤에 침전이 있다. 이것은 궁궐의 위엄이나 질서를 드러내는 데는 알맞은 배치였지만 실제 왕이 각종 의식을 거행하기 위해 움직이는 데는 불편한 배치였던 것으로 보인다.

조하의식이 있을 때 보통 왕은 침전에서 사정전으로 나왔다가 가마를 타고 사정문을 거쳐 근정전 어좌로 오른다. 이 때 왕은 근정전의 뒤편문을 통해 정전에 들어가 어좌에 올랐던 것으로 보인다. 조참이 있을 때는 사정전에서 근정전 동쪽 처마 밑을 지나 근정전 마당을 거쳐 근정문에 이르게 된다. 이 과정에서 근정전의 동쪽 처마 밑 공간이 충분히 넓지 못했기 때문에 통과에 불편이 생겼다. 세조는 동쪽 처마 밑이 좁다는 이유로 처마 밑을 지나지 않고 근정전을 통과해서 마당을 거쳐 근정문에 이르렀다.

건물이 남북 방향으로 나란히 배열되어 통행에 약간의 불편을 초래한 경복궁에 비해서 창덕궁은 각 전각들이 동북 방향으로 옆으로 놓여 있었다. 이것은 내전에서 편전으로 이동하거나 편전에서 정전으로 갈 때 뒷문으로 들어가지 않아도 되는 것을 의미했다. 또 조참을 위해서 편전에서 인정문으로 갈 때도 편전 앞의 행랑을 따라 쉽게 인정문에 다다를 수 있다. 창덕궁은 비록 궁궐의 격식 면에서는 경복궁에 못 미치지만 실제 생활하는 데 여러 모로 편리함을 갖춘 궁궐이었다.

3. 17세기 이후 궁궐의 변천

1592년에 일어난 임진왜란으로 도성에 있던 궁궐이 모두 불에 탔다. 전란 후 경복궁은 복구되지 않고 창덕궁과 창경궁이 재건되고 곧이어 새로 경덕궁이 창건되었다. 이후 도성 동쪽에 있던 창덕, 창경궁을 일컫는 동궐과, 경덕궁을 지칭하는 서궐의 양궐 시대가 거의 250년간 지속되었다. 19세기 중엽에 경복궁이 재건되었다. 이 3백 년 동안 궁궐에는 많은 건물의 부침이 있었다. 그러나 변하지 않고 지켜지는 일관된 자세가 있었다. 창건시의 궁궐이 갖는 기본 틀을 지켜 간다는 정신이었다.

임진왜란의 혼란이 진정되고 궁궐 복구가 시작되었을 때 그 대상은 분명히 경복궁이었다. 관리들이 경복궁 옛 터를 찾아가 건물 터를 확인하고 그에 맞추어 설계를 하고 강원도에 사람들을 보내서 재목을 마름질하는 등 준비가 진행되었다. 드디어 공사를 해도 좋은 길년(吉年)인 선조 41년이 되었다. 그런데 이 해에 들어와 공사 대상이 창덕궁으로 바뀌었다. 정궁인 경복궁을 두고 창덕궁으로 복구 대상을 변경한 이유는 기록에 나와 있지 않다. 그러나 한 가지 단서가 보인다.

선조 41년 2월에 왕은 건국 초기에 한양을 도읍으로 정하고 경복궁을 지을 때 신하들이 논의한 것과 술사(術士)들이 지형(地形)을 살펴보고 한 말들에 대해 빠짐없이 써서 들이라는 명령을 내린다. 이 명령이 있고 난 뒤에 『선조실록』에는 궁궐의 재건 공사에 대한 기사에서 경복궁이란 이름이 사라진다. 공사는 진행되고 있었는데 그 대상에 대한 언급이 밝혀져 있지 않다. 그후 약 2년이 지난 광해군 원년 5월 기사에 왕이 창덕궁 보경당에 갔다는 기사가 등장한다.

『선조실록』의 기사를 보면, 처음 경복궁을 대상으로 진행되던 복구 공사는 왕이 국초의 궁궐 문서를 들이라는 명령이 있고 나서 창덕궁으로 바뀌었다는 점을 확인할 수 있다. 국초에 경복궁을 짓는 도중에 하윤은 경복궁이 산이 막히고 물이 말라 왕이 사로잡히는 곳이라고 비판했다. 세종 때 풍수가는 역시 이 곳이 왕이 머물기에 적합하지 않다고 해서 왕의 마음을 흔들었다. 임진왜란 후에 나라는 매우 혼란했고 민심은 안정을 찾지 못했다. 이런 혼란기에는 유교적 교의보다는 도참사상에 얽힌 길흉관이 사람들의 마음을 사로잡기 마련이다. 그것은 왕실에도 마찬가지였다고 생각된다. 경복궁에서 창덕궁으로 복구대상이 변경된 것은 바로 이런 시대 분위기 때문이었다고 생각된다.

길흉관이 마음을 지배한 것은 그 뒤에도 이어졌다. 선조의 뒤를 이어 즉위한 광해군은 재건된 창덕궁에도 들어가기를 꺼렸다. 내전이 답답하고 어둡다는 것이 이유였지만 임시 궁전으로 사용하던 월산대군 집터가 더 마음이 놓이는 곳이었던 듯하다. 이 자리는 태종이 여경방에 궁궐을 지으려던 자리와 무관하지 않은 듯하다. 창덕궁에 들어가기를 꺼리던 광해군은 대신에 인왕산 아래 새 궁궐을 짓도록 명했다. 인경궁이라는 새 궁궐의 공사가 한창 진행되고 있을 때 왕은 다시 그 서쪽 인왕산 줄기가 이어지는 곳에 또 다른 별궁 건설을 명했다. 경덕궁을 짓도록 한 것이다. 두 궁궐 조성에는 풍수에 밝다는 승려와 중국인 장수가 참여했다. 이들은 궁궐의 계획에서 세부의 공사에 이르기까지 전권을 쥐고 자신들이 믿던 풍수 이론에 맞추어 건물을 지어 나갔다. 규모가 작았던 경덕궁이 먼저 완성되고 인경궁이 거의 다 지어질 무렵 광해군은 인조반정으로 왕위에서 물러나고 말았다. 뒤를 이은 인조는 인경궁을 철저히 파괴시켰다. 마침 반정과 즉위 직후의 난으로 창덕궁과 창경궁에 화재가 발생하여 건물들이 불에 타자 인경궁을 헐어 그 재목으로 두 궁궐을 복구했다. 경덕궁만은 그대로 남겨 두어 궁궐로 활용하였다. 이렇게 해서 조선 후기 250년간 도성은 창덕궁과 창경궁을 합쳐서 부르는 동궐과, 경덕궁(나중에 경희궁으로 개명)을 가리키는 서궐의 시대를 맞이하게 되었다.

창덕궁은 17세기부터 19세기 중반 경복궁이 중건될 때까지 왕조의 정통 궁궐 즉 법궁으로 자리잡았다. 재건될 때 창덕궁은 '옛 제도에 따라' 지어졌다고 한다. 건물의 명칭도 거의 조선 초기의 것을 그대로 이어받았다. 정문에서 직각으로 꺾여서 금천교를 지나 다시 직각으로 꺾여 정전인 인정전으로 향하고 인정전에서 동북쪽으로 편전과 내전이 전개되는 궁궐의 기본적인 구성은 거의 변하지 않고 계승되었던 것으로 보인다. 철저히 구제도에 의해 다시 지어졌다.

사진 30. 창덕궁 인정전

재건 이후 창덕궁은 많은 변고를 겪었다. 인조반정과 같은 변란으로 전각들이 소실되기도 하고 부주의로 인한 화재도 자주 일어났다. 그러나 항상 본래 규모나 형태를 회복하는 원칙 아래서 복구가 이어졌다. 물론 건물 세부는 달라졌다. 집 짓는 기술이 변하고 건물을 사용하는 사람들의 생활 양식이 조금씩 바뀌어지는 데 따라 내부 평면에 변화가 생겼다.

편전인 선정전은 현재 창덕궁 내 청기와를 덮은 유일한 건물이다. 선정전은 인조반정 때 소실되었다. 건물을 재건할 때 인경궁의 편전인 광정전을 그대로 뜯어서 옮겨 왔다. 마침 두 건물은 규모가 같았다. 광해군이 지은 광정전은 청기와 건물이었다. 기와도 그대로 옮겨 와서 지붕을 덮은 것이다. 물론 기둥이나 대들보, 공포의 세부도 광정전의 것이 그대로 재현되었다. 목조건물의 특징은 기본 골격을 해체했다가 다시 조립하는 것이 가능하기 때문에 이런 일이 있을 수 있었다.

간혹 구제도와 다른 새로운 건물이 들어서기도 했지만 다시 원 상태로 되돌아갔다. 효종 때 왕은 어머니인 왕대비가 거처하는 전각을 위해

사진 31. 창덕궁 선정전

서 새로 만수전을 지었다. 창덕궁에는 왕대비 처소로 수정전이 있었는데 효종 때는 왕대비 처소가 하나로는 부족한 사태가 벌어졌다. 효성이 지극했던 효종은 관례를 깨고 흠경각이 있던 자리에 만수전을 짓고 궁궐을 관리하던 도총부 건물을 헐어 내고 그 자리에 부속 건물인 춘휘전을 지었다. 왕대비 처소는 본래 궁의 동쪽에 두는 것이 궁궐의 법도였다. 그러나 새로 지은 만수전 자리는 정전의 서북쪽에 있었다. 왕대비가 돌아가시고 몇 년 후 건물에 불이 났다. 만수전은 재건되지 않고, 화재를 면한 춘휘전은 왕의 초상화를 모시는 선원전으로 용도를 바꾸었다. 선원전이라면 정전의 서쪽에 두는 것이 궁의 법도에 맞기 때문이었다.

창덕궁 공간의 가장 큰 변화라면 정조 때 있었던 왕세자 처소인 중희당의 창건이었다. 정조는 왕권을 강화하는 데 진력한 왕이다. 늦은 나이에 왕세자를 얻자 왕세자에 각별한 관심을 기울였다. 창덕궁의 왕세자 처소는 궁궐 동쪽 후미진 곳이었다. 마침 기존 동궁의 정당인 시민당이 불에 타서 빈터로 남게 되자 왕은 새로운 동궁 처소를 왕의 침전 가까운 곳에 짓도록 했다. 아울러 동궁의 학문 처소나 기타 부속 건물들도 주변에 세웠다. 이렇게 해서 중희당이 희정당 가까운 곳에 정면 7간의 장대한 규모로 들어섰다. 새로 지어진 중희당은 창덕궁의 거의 한복판을 차지하는 중심 위치에 자리잡았다.

1867년에 경복궁이 250년 동안의 폐허 상태를 벗어나 다시 중건되었다. 중건된 경복궁은 철저히 창건시 궁궐 모습을 재현하는 목표 아래 조성되었다. 네모난 궁궐 담장이 복구되고 전면 좌우 끝에 십자각이 다시 세워졌다. 광화문에서 근정전, 사정전, 강녕전, 교태전을 일직선으로 잇는 기본적인 건물 배치도 그대로 재현되었다. 건물의 명칭 역시 거의 창건시의 것을 답습하였다. 최근 강녕전 터를 발굴해 본 결과 건물 자리에서 임진왜란 이전 건물 유구가 출토되었다. 유구의 평면 형태나 3개 층으로 겹쳐진 초석 상태로 미루어 강녕전의 초기 유구로 판명되었다. 건물 좌향도 움직이지 않고 그대로였다. 결국 중건 경복궁은 창건시 자리 그대로에서 좌향도 바꾸지 않고 재건되었음을 확인할 수 있다. 물론 재건된 경복궁의 각 건물들은 19세기의 건물로 지어졌다. 여기에는 19세기의 시대 특징을 반영한 구조기법이나 세부 처리가 들어 있다. 건물 규모에서도 미세한 차이가 없지 않을 것이다. 또한 중심 전각 이외의 여러 부속 건물이나 전각 주변의 행각은 전혀 새로운 모습으로 지어졌다고 생각된다. 후원 부분도 새롭게 꾸며졌다고 짐작된다. 문제는 궁궐의 기본 윤곽이다. 창건 때 정도전이 이름을 짓고 그 위치를 정한 궁궐의 기본 전각들은 위치도, 좌향도 그대로 4반세기를 이어 준수된 것이다. 이것이 바로 궁궐 건축이 갖는 지속성이다.

4. 궁궐 건축과 상징

궁궐의 건축은 가장 정교한 가공기술을 바탕으로 최고의 격식을 갖추어 지어졌기 때문에 한 시대의 건축기술 수준을 가늠하는 중요한 대상이 된다. 아울러 정전과 편전 및 침전은 왕과 왕비가 사용하는 건물인 만큼 일반 건물에서 볼 수 없는 특별한 상징적인 요소들을 갖추고 있었다. 궁궐 건축의 진면목은 이러한 상징성에서 나타난다.

정전은 궁궐 안에서도 가장 격식을 갖추어 지어진 건물이다. 정전 건물의 특징은 2중의 높은 기단과 건물 내부의 어좌에 있다. 기단은 면적을 넓게 잡아 월대라고 부르는 넓은 단을 상하 2단으로 마련한다. 조하의식과 같은 큰 행사가 있을 때 월대 위에 공물을 진열하거나 아주 신분이 높은 사람이 상월대에 오르게 되며 하월대에는 깃발이나 다른 상징물을 두어 행사의 장엄함을 더한다. 일반 행사 참여자들은 이 월대 아래 마당에 도열하게 되는데 그만큼 월대는 행사의 품격을 상징하는 중요한 부분이다.

건물 안에 설치하는 어좌 역시 왕을 상징하는 특별한 것이다. 어좌는 왕을 위한 특별한 좌석이다. 어좌에는 다른 곳에서는 할 수 없는 임금을 상징하는 고유한 부분들이 있다. 어좌에는 사방에 계단이 설치되고 다섯 단으로 된 높은 단 위에 옥좌를 놓고 그 뒤에 곡병과 오봉병을 설치한다. 곡병은 낮은 가리개의 일종인데 후벽이 있고 좌우는 거의 120도 정도로 벌어진 형태에 각종 장식이 가미된 것이다. 이 곡병에 임금이 앉는 옥좌를 놓는다. 오봉병은 일종의 병풍인데, 다섯 개의 산봉우리가 있고 해와 달이 그려진 그림이 있는 것으로 이것은 용상 뒤에만 설치하는 것이다. 어좌의 천장은 별도로 설치한다. 천장에는 곡선의 화려한 치장이 가미된 여모를 두고 꽃잎 문양의 장식인 초엽으로 장식된 테두리를 설치하며 천장에는 봉황이 그려진 그림을 넣는다.

경복궁 근정전은 궁궐 정전 중에서도 규모나 격식에서 으뜸가는 건물이다. 월대는 2중의 높은 단으로 조성되고 각층 월대 모서리에는 사방을 주관하는 짐승과 1년 12개월을 상징하는 12지의 동물이 조각되어 있

사진 32. 경복궁 근정전 내 어좌

사진 33. 경복궁 근정전 월대 계단

어 월대의 상징성과 장엄함을 더해 준다. 또 월대 남쪽 중앙의 계단에는 봉황 한쌍이 조각되어 왕을 상징해 준다. 건물은 월대 북쪽에 따로 낮은 기단을 두고 세워져 있다. 정면 5간, 측면 4간으로 정면 간수는 창건시의 간수 기록과 일치한다. 외형은 2층으로 되어 있고 내부는 상하층이 하나로 개방되어 있다. 이 개방된 높은 실내를 만들기 위해 기둥들이 건물 바닥에서 2층 대들보까지 뻗어 있다. 1층과 2층 외벽 기둥 위에는 각각 다포식의 정교하고 복잡한 공포가 짜여져 있다. 공포들은 조선 후기의 시대적 특징이 잘 드러나 있다. 밖으로 돌출한 살미의 끝부분인 쇠서가 크고 날카로운 곡선을 그리면서 위로 치켜 올라가 있고 내부의 살미는 한덩어리가 되어 화려한 곡선 조각으로 꾸며져 있다. 실내는 전돌로 바닥이 채워져 있으며 북쪽 중앙에 어좌가 마련되어 있다. 어좌 위에는 화려한 장식이 가미된 보개 천장이 가미되어 있고 다시 건물 전체 천장에도 왕을 상징하는 그림이 치장되어 있다. 이 천장 그림은 본래는 봉황이 그려져 있었으나 1897년 대한제국 선포 후 용으로 바꾸었다. 천장의 용 그림은 천자에 한정된 것이어서 고종 때에는 봉황으로 채웠던 것인데 고종이 황제로 등극하면서 그림을 용으로 한 것이다. 근정전은 비록 건물이 지어진 시기는 19세기 중엽으로 비교적 늦은 때지만 궁궐 정전이 갖추어야 할 격식을 가장 충실하게 또 최고의 격식으로 조성한 점에서 궁궐 건축의 정점을 보여 주는 건물이라고 평가된다.

반면 창경궁 명정전은 근정전과는 여러 면에서 대조되는 정전이다. 창경궁의 위상 자체가 일종의 별궁과 같은 것이었기 때문에 이 정전은 규모나 격식에서 크게 뒤진다. 그러나 명정전은 현존하는 궁궐 정전 중에는 건립 연대가 가장 앞선다는 의미를 지닌다. 월대는 이중으로 꾸며져 있지만 아무런 치장이 없고 중앙 계단 봉황 조각이 이 건물이 정전임을 상징해 준다. 건물은 정면 5간이지만 측면은 3간만으로 되었다. 나중에 실내 공간이 비좁아서 뒤로 퇴간을 1간 덧달아 내서 옹색함을 면했다. 어좌 역시 근정전에 비하면 치장이 적고 소박한 편이다. 그러나 5단의 계단이나 곡병, 오봉병 등 필요한 요소는 모두 구비하였다. 이 건물의 중요한 점은 목조건물의 구조이다. 건물이 지어진 시기가 1608년이므로 궁궐에서는 가장 오랜 것이며 그만큼 17세기 초 목조건축의 기술적 요소가 잘 남아 있다. 이런 시대 특징을 보여 주는 부분은 역시 공포이다. 각 부재의 장식적인 면이 많지 않고 구조적인 기능이 비교적 충실히 반영되어 있다.

편전은 왕이 신하들과 나라 일을 보는 건물이므로 정전에 비하면 소박하다. 건물은 단층으로 하고 공포의 짜임도 정전보다 한 단계 간략화시킨 것으로 처리한다. 편전 건물로는 창덕궁 선정전이 17세기의 양식을 간직한 가장 오랜 건물이다. 특히 이 건물은 당초 인경궁의 편전이던 광정전을 이축해 온 것으로 지붕에 청기와를 덮고 공포 부분도 17세기의 특징을 간직하고 있다. 즉 외부 살미의 곡선도 부드럽고 내부에서는 일부만이 곡선으로 되어 있다. 본래 편전 건물은 바닥을 전돌로 깔았다. 그리고 정전과 마찬가지로 어좌를 설치하고 건물 천장에 봉황 장식을 꾸며 임금이 사용하는 건물임을 상징했다. 경복궁의 사정전 역시 어좌를 갖추고 바닥은 전돌로 덮은 건물이었다. 편전에서는 왕과 신하가 상참을 거행하고 나라 일을 의논하거나 죄인의 형벌을 결정했다. 이 때 왕은 어좌에 앉아 그 결정을 내렸다. 현재 선정전이나 사정전은 바닥이 마루로 개조되어 있는데 이것은 20세기에 고친 것들이다.

침전 건물 역시 일정한 형식을 갖고 있었다. 건물 중앙에 3간의 대청이 있고 좌우에 대칭으로 방이 마련되며 좌우 방의 바깥으로는 퇴간이 3면을 감싸는 것이다. 또 가운데 대청 앞에는 작은 월대가 마련된다. 이 월대는 왕비가 침전에서 고급 관료 부인의 하례를 받을 때 쓰는 공간이며 좌우 온돌 주변의 퇴간은 24시간 왕과 왕비의 시중을 들기 위해 대기하는 상궁들이 머무는 장소라고 볼 수 있다.

침전 건물의 다른 한 가지 특징은 소위 무량각이라고 해서 건물에 용마루가 없는 점이다. 이처럼 용마루가 없는 건물은 침전에서도 가장 중심이 되는 건물에 한정되고 있다. 이것은 아마도 침전의 중심 건물을 상징하는 의미를 지닌 것으로 생각되지만, 그 의미는 아직 확실히 단정하기 어렵다. 이런 무량각 건물은 경복궁의 강녕전과 교태전, 창덕궁의 대조전과 집상전, 창경궁의 통명전, 그리고 경희궁의 융복전과 회상전 등이었다.

궁궐 건물 중 한 가지 빼 놓을 수 없는 특별한 건물로 경복궁 경회루를 들 수 있다. 경회루는 조선 초기부터 외국의 사신을 접대하는 중요한 건물이었고 과거 급제자나 특별히 궁중에서 신하들에게 연회를 베풀 때 자주 이용되던 건물이었다. 고종 때 경복궁을 중건하면서 경회루에 대해 한 학자가 그 평면 구성을 주역(周易)의 원리로 풀이한 책자가 알려져 있다. 『경회루전도』라는 제목의 이 책자에 의하면 경회루의 가장 중심 공간은 천 지 인을 상징하는 삼재(三才)로 구성되고, 그 주변은 8방

사진 34. 경복궁 강녕전 전경

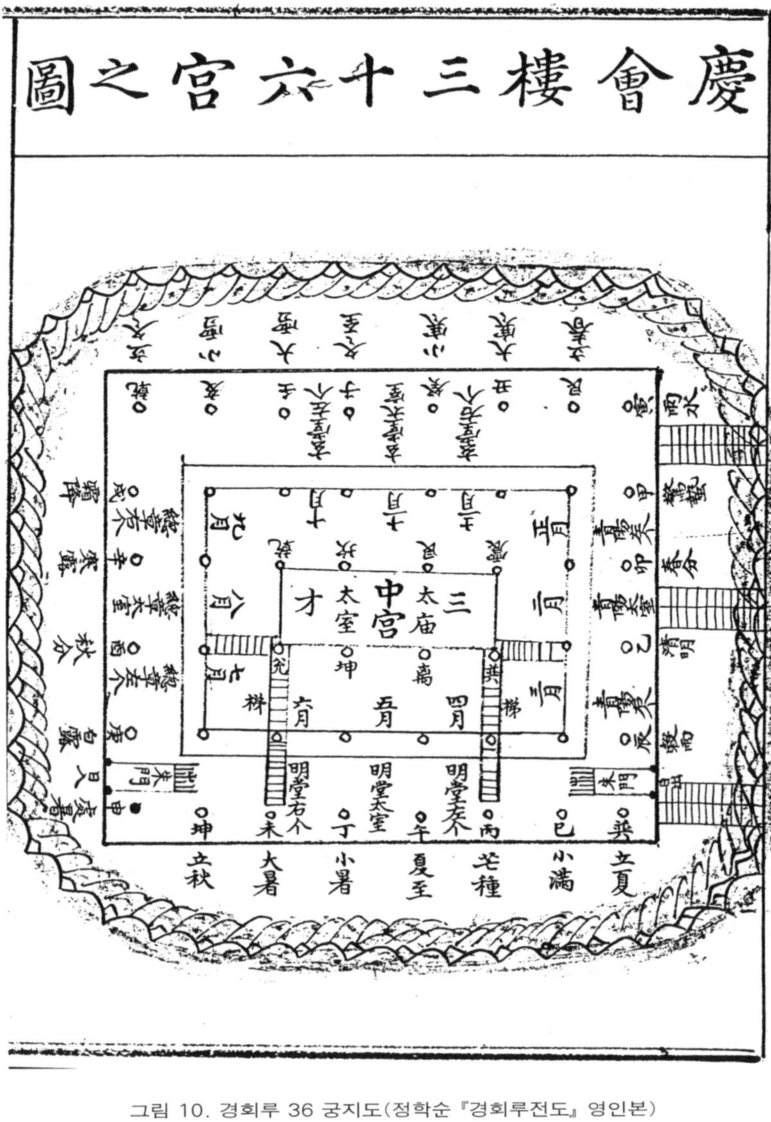

그림 10. 경회루 36 궁지도(정학순 『경회루전도』 영인본)

의 방위와 24절기를 상징한다고 하였다. 나아가 기둥의 숫자나 건물 상하층의 구성 등이 모두 물을 상징하는 6의 숫자에 맞추어 구성되고, 전체는 주역의 원리에 적용되어 조성되었다고 하였다. 또 경회루 앞 연못에는 두 개의 구리로 된 용을 넣었는데 이것은 용이 불과 물을 다루는 동물이고 2는 불을 상징하는 숫자이기 때문이라고 적었다. 1997년에 경회루 연못에서 실제로 구리로 만든 용이 출토되어 이 책자의 기술이 단지 학자의 추상적인 주장이 아니고 실제 경회루 건물 조성과 깊은 관련을 갖고 있었음을 알게 해 주었다. 아직 이 책자와 경회루에 대한 구체적인 연구가 이루어지지 않아서 더 이상의 의미를 알 수는 없지만, 궁궐의 건물이 단지 의식이나 생활상의 필요만이 아니고 주역과 같은 고대로부터 내려오는 사상적인 의미도 깊게 반영되었음을 시사해 준다.

5. 일상의 편의

궁궐 건축에서 일정한 제도와 건물의 격식 그리고 건물의 상징성은 중요한 요소이다. 그러나 궁궐 역시 왕을 비롯한 많은 사람들이 일상의 삶을 이어 가는 공간이다. 따라서 궁궐 건축에는 이러한 일상생활의 즐거움이나 편의성 역시 중요한 건축 요소였다. 이러한 생활의 즐거움과 편의에 궁궐 건축의 또 다른 측면이 있다.

궁궐에 온돌이 언제 도입되었는지는 아직 밝혀 내지 못한 숙제다. 어쩌면 아주 일찍부터 온돌 시설이 있었을 수도 있고 조선시대도 꽤 시간이 지나서야 온돌이 도입되었을 가능성도 있다. 분명히 확인할 수 있는 것은 적어도 17세기 초에는 침전의 대부분 시설에 온돌이 설치된 사실이다. 이것은 궁궐을 수리하거나 새로 지으면서 작성한 당대의 문헌 기록에서 밝히고 있는 점이다.

창경궁 내전은 이괄의 난 때 전소되었다가 1633년에 인경궁 건물을 뜯어다 다시 지었다. 통명전이나 환경전, 경춘전이 이 때 모두 재건되었는데 세 건물은 모두 중앙 3간에 대청을 두고 좌우에 온돌방을 대칭으로 한 평면 형태를 갖추고 있었다. 이것은 침전 건물의 기본적인 평면 형태였다. 이 공사를 위해서 특별히 온돌 편수가 각 방의 온돌 공사를 전담하였다. 인경궁에서 같은 용도의 침전 건물들을 뜯어다가 다시 짓는 공사였으므로 기둥이나 대들보는 물론 창문틀까지 모두 옮겨 왔다. 이전되는 자재 중에는 온돌 까는 데 쓰는 온돌석까지 들어 있었다. 집이 지어지고 20여 년이 지난 1652년에 와서 전면적인 보수 공사가 이루어졌는데 주로 온돌 바닥이 대상이었다. 다른 곳에서 뜯어 와서 여기 저기 끼어 맞춘 자재들이 아무래도 제대로 마무리가 잘 안 되었던 듯하다. 온돌을 다시 들어 내는 일을 하다 보니 아궁이 주변이나 온돌 틈새 또는 굴뚝 아래서 여러 가지 더러운 물건들이 나왔다. 색동옷을 입힌 인형도 있고 쥐나 고양이 같은 짐승의 가죽도 나오고 머리카락 뭉치도 있었다. 창경궁은 특히 여러 후궁들이 거처하는 곳이었기 때문에 이들 간에 서로 상대방을 저주하는 나쁜 물건들을 그 집 깊숙한 곳에 몰래 집어넣어 집주인의 불행을 바라는 일이 많았다. 온돌이 이런 못 된 일을 하는 알맞은 장소로 이용된 것이다. 이런 것들로 미루어 이미 온돌은 17세기에는 궁궐에서 아주 일반화되어 있었다고 짐작된다.

17세기에는 온돌은 왕과 왕비가 거처하는 대조전에서부터 일반 나인들이 지내는 행랑방에 이르기까지 널리 자리잡았다. 숙종 때는 한 관리가 궁궐에 온돌방이 너무 많아 땔나무를 공납하는 사람들의 부담이 크므로 예전같이 나인들이 자는 곳은 마루방으로 할 것을 건의하는 기록도 실록에 보인다. 그러나 이에 대한 왕의 대답은 이미 온돌에서 지내는 것이 오랫동안 습관이 되어서 쉽게 고치기 어렵다고 답하고 있다.

이런 기록들을 보면 적어도 17세기에 궁궐 내 일상생활 공간은 왕에서부터 상궁, 나인에 이르기까지 마루와 온돌방으로 이루어진 실내에서 지내고 있었음을 알 수 있다. 그런데 이러한 마루와 온돌 생활은 궁궐의 다른 건물에도 영향을 미치고 있다. 그 단적인 사례가 편전의 이동이다.

본래 편전 건물의 바닥은 정전과 마찬가지로 실내에 어좌를 설치하고 바닥은 전돌을 깐다. 임금은 신을 신은 채 어좌에 올라 신하들의 상참의식을 받는다. 이 때 신하들은 서서 예를 올린다. 편전의 경우는 신하들에게도 의자가 마련되어서, 의식이 끝난 후에는 의자에 앉아 정사를 논의하였던 것으로 보인다. 중종 37년 11월 실록 기사에는 왕이 "평상시 경연은 사정전에서 으레 교의에 앉아서 하고 야대의 경우는 편복으로 임하고 있다. 이후로는 사정전에서 교의나 상탑을 치우고 편하게 앉을 것이며, 입시하는 신하들도 앞에 가까이 와서 야대를 하게 할 것이니, 정원은 알아 두라"는 대목이 있다. 당시 사정전 실내가 의자를 놓고 지내도록 되어 있었음을 알려 준다. 마찬가지로 17세기의 창덕궁 수리공사를 기록한 의궤서에는 선정전 건물 바닥이 전돌로 덮여 있었음을 알려 주는 기사들이 발견된다.

그런데 편전 건물 바닥이 전돌로 깔린 것은 임금이 신하들과 일상적인 정사를 보는 데 불편했던 것으로 보인다. 그 대안으로 정사를 보는 장소를 공식 편전 대신에 왕의 학문 장소로 마련되었던 다른 곳에서 행하는 방식이 나타났고 이것이 점차 관행화되면서 나중에는 편전 자체를 이 학문소 건물로 옮기게 된다. 그 대표적인 건물이 창덕궁의 희정당이다. 숙종 21년(1695)에 편찬된 『궁궐지』에는 창덕궁의 선정전에 대해서는 단지 그 위치가 인정전 동편에 있다는 기사만 적고, 대신 희정당을 "편전이다"고 명시하였다. 이 『궁궐지』는 19세기 중엽에 개편되었는데 이 때에는 선정전을 "옛날의 편전이다"라고 하고 희정당을 "편전, 즉 나라 일을 보는 곳"이라고 명시하고 있다. 창덕궁의 편전은 이미 17세기 말에 희정당으로 바뀐 것이다. 그런데 희정당은 건물 바닥이 한쪽은 마루에 한쪽은 온돌로 된 구조이다. 결국 편전은 처음 전돌 건물에서 온돌과 마루 건물로 바뀐 것이며 이것은 결국 임금이 신하들과 정사를 보는 건물이 전돌 건물에서 온돌과 마루 건물로 바뀐 것을 의미한다.

희정당 건물은 처음에는 숭문당이란 이름이었다. 이것을 연산군 때 건물 이름을 고쳤다. 숭문당이라면 건물 이름으로 보아서 임금이 학식 높은 신하에게서 고대 경전의 강습을 받고 학문을 하는 장소라고 생각되며 이런 건물은 고려시대부터 궁궐 내에 있어 왔다. 같은 이름의 건물

그림 11. 희정당(아래)과 대조전(위)(「동궐도」 고려대학교 박물관 소장)

은 창경궁에도 있다. 현존하는 창경궁 숭문당 건물을 보면, 그 위치가 정전과 침전의 중간이다. 건물은 한쪽이 마루이고 반대쪽이 온돌로 되어 있으며 마루 부분은 높은 돌기둥을 세웠다. 현재의 희정당 건물은 1920년에 개조되고 내부는 서양식 의자가 있는 전혀 다른 건물이다. 그런데 동궐도에 그려진 19세기 이전의 희정당 건물은 그 외관이 창경궁의 숭문당과 매우 흡사한 모습을 보여 준다. 즉 건물 전면에 높은 돌기둥이 나열되어 있고 한쪽 모서리에는 온돌 아궁이 시설이 보이는 것이다. 이 건물에 대한 문헌 자료를 통해서 복원한 평면도는 건물 전면에 5간의 마루가 있고 뒤쪽 좌우로 온돌방이 있는 모습이다. 편전 건물의 변천으로 미루어 당초 의식에 맞추어 전돌 바닥에 의자식으로 꾸며졌던 건물이 적어도 17세기경에 와서는 온돌과 마루의 좌식 건물로 바뀌었음을 확인할 수 있다.

온돌이 보편화되는 것은 궁궐에서 지내는 사람들이 생활의 편의를 추구한 결과이다. 이러한 경향이 자리잡으면서 궁궐에 나타난 건물이 연

사진 35. 창경궁 숭문당 전경

경당과 낙선재다. 연경당은 1830년경에 창덕궁 후원내에 세워진 주택풍 건물이며 낙선재는 과거 동궁 처소였던 자리에 1854년에 새로 세워진 왕과 왕비가 거처하던 건물이다. 두 건물 모두 19세기에 들어와 달라진 궁궐의 분위기를 반영하고 있다.

두 건물의 공통점은 기존 침전 건물이 갖는 좌우대칭의 형식적인 구성을 버리고, 당시 일반 상류계층의 주택이 갖고 있던 생활의 편의와 즐거움을 반영한 주택 형태를 취하고 있는 점이다. 평면은 온돌과 마루가 위치에 맞게 서로 교대해서 나타나고 전체 구성은 비대칭의 변화를 보이며 건물 한쪽에 누마루를 두어 다양한 외관을 만들어 내고 있다. 또한 여러 유형의 창호와 창살 장식은 민간의 상류 주택보다 한 단계 화려하고 섬세한 치장을 보인다. 특히 낙선재의 뒤쪽 경사진 언덕에는 아름다운 후원이 갖추어졌다. 벽돌로 만든 둥근 문에서부터 공예품처럼 정교하게 만든 정자에 이르기까지 궁궐이 아니고는 이루기 어려운 수준 높은 건축과 조원의 조화가 펼쳐져 있다. 또한 건물 구석구석에는 벽돌을 가지고 장식한 포도나 박쥐 문양의 장식이 있다. 이런 장식은 주로 여성들이 거처하는 곳에 다산과 부귀를 상징하기 위해 꾸민 것인데, 낙선재가 헌종이 아들 낳기를 기원하며 후궁과 함께 지내기 위해 지었다는 건립 사연을 잘 말해 주는 부분들이다. 이런 건물 장식은 경복궁으로 이어져서 왕비전인 교태전 후원이나 왕대비 처소인 자경전 뒷담에 십장생 무늬를 새긴 굴뚝이나 담장으로 발전하였다.

후원 역시 궁궐 생활의 즐거움과 휴식을 반영한 중요한 곳이다. 특히 창덕궁과 창경궁의 후원은 인공을 가급적 배제하고 자연 그대로의 경관 속에 소박한 건물들이 적절한 조화를 이루도록 꾸민 조선조 후원의 가장 대표적인 곳이다. 후원은 내전 뒤 언덕을 넘은 곳에서부터 멀리 옥류천 샘이 있는 깊은 곳까지 울창한 숲 속에 넓게 펼쳐져 있다. 연못이나 언덕을 끼고 자연 상태의 울창한 숲 사이에 작은 건물들이 점점이 이어

사진 36. 창덕궁 낙선재 후원 담장과 원형 문

사진 37. 창덕궁 후원 제월광풍관

지는 창덕궁 후원은 조선조 선비들이 추구한 자연에 대한 시적 이상향이 그대로 실현된 곳이다. 특히 제월광풍관이나 희우정, 기오헌의 절제되고 소박한 작은 건물들은 조선 선비의 품격과 건축관이 이 곳 궁궐에까지 영향을 미쳐 하나의 완결된 아름다움을 이루어 낸 것들이다.

5

선비들의 서당과 정자

1. 사림과 정자

경치 좋은 곳에 누각이나 정자를 짓고 그 곳에서 친구들과 시를 짓고 노래를 읊는 것은 조선시대 지배층의 공통된 모습이었다. 그 전통은 고려시대 이전으로 거슬러 올라간다. 그러나 조선시대 16세기에 들어와 지방에서 사림세력이 지어 놓은 정자들은 특별한 의미와 중요성을 지닌다. 사림들에 의해 지어진 정자는 단순히 시를 읊거나 술을 마시며 즐기는 장소가 아니라 선비들의 높은 이상과 투철한 학문 정신을 실현하는 곳이었다. 그리고 자연을 바라보고 자연과 인간의 문제를 깊이 있게 생각하며 시와 노래를 짓던 장소였다. 나아가 그 건물은 선비 정신을 바탕으로 고도의 집약과 절제로 완성한 뛰어난 건축물이었다. 건물은 때로 정자이기도 하고 때로는 정사라고 불리기도 하고 단지 하나의 별당으로 지어지기도 하였다.

조선 초기까지만 해도 누각이나 정자는 주로 관청에서 손님을 접대하기 위해 짓는 것이 일반적이었다. 『동국여지승람』에는 고려 말이나 조선 초기에 지어진 이름난 누각과 정자들이 많이 나온다. 삼척의 죽서루, 밀양 영남루, 성천의 동명관 항선루 등이 특히 유명해서 이 건물을 다녀

간 많은 시인 묵객들이 건물 주변의 경치를 노래한 시가 전한다. 이런 집들은 주로 지방 고을 수령이 나라의 돈으로 지은 건물이다.

누각은 사방이 모두 개방되어 주변 경치를 감상하기 알맞도록 꾸민다. 삼척 죽서루는 큰 강 옆에 바위가 불규칙하게 솟은 자리를 골라 정면 7간으로 당당한 외관을 갖추고 있다. 영남루 역시 높은 언덕 위에 사방이 탁 트이고 우뚝 솟은 외관이 일품인 건물이다.

이런 누각 외에 개인이 짓는 정자들도 일찍부터 성행했다. 『동문선』 같은 문집에는 이규보가 네 개 바퀴를 달아 자리를 옮겨 다니면서 경치를 즐기도록 계획했다는 사륜정(四輪亭)이 나오고, 높은 벼슬에서 물러나 시골에 은거하던 한 선비가 갖가지 기묘한 형상의 돌을 주워 모으고 그 곁에 이를 감상하기 위해 지었다는 석정(石亭)이 소개되어 있다. 또, 한 고관이 집 동쪽에 못을 파서 물고기를 구경하며 시냇물을 끌어들여 오리를 기르고 대나무 1천 그루를 길러 대숲 스치는 바람소리를 즐길 수 있도록 지었다는 계당이라는 건물이 소개되고 있다.

고려 말이나 조선 초기까지 정자들은 대개는 사방이 개방된 모습이었다고 짐작된다. 전라도 나주 근방의 쌍계정은 고려 말 조선 초기에 처음 건물이 지어지고 그후 여러 차례 개축이 이루어진 건물이지만 창건시 모습이 어느 정도 지켜지고 있는 건물로 판단된다. 이 건물은 전면 3간에 측면 2간으로 사방이 개방된 형태이다. 쌍계정은 개인의 정자라기보다 이 마을 공동의 집회장소 성격을 갖고 있는 건물인데, 이 건물에서 보는 사방이 개방된 3간 건물은 후대 사림들이 세우는 정자의 하나의 원형이 되었다고 생각되는 중요한 집이다.

조선 초기에 집 주변에 개인적인 정자를 짓는 것은 고관이 아니면 불가능했다. 그러나 15세기 후반부터는 지방의 중소 지주 계층들도 고관들의 생활을 모방해서 집 주변이나 인근 경치 좋은 곳에 정자를 짓는 것이 서서히 확산되기 시작하였다. 16세기에 들어서면서 이런 정자 건립

사진 38. 나주 쌍계정

은 유행을 타고 전국으로 퍼져나갔다. 그만큼 지방 각지에 이런 정자를 지을 수 있는 경제력을 가진 계층이 널리 확산되었던 것이다.

16세기에 지방에 지어지는 정자는 고려 말이나 조선 초기 고관들의 정자와 그 성격이 달랐다. 16세기 지방에는 사림이라고 부르는 선비 집단이 형성되어 있었다. 학문 탐구를 일생의 과업으로 삼으면서 또한 과거시험을 통해 정계에 진출해서 자신들의 생각을 실천하려는 뜻을 지니고 있었다. 그러나 중앙 정계에는 훈구파들이 권력을 장악하고 있었으므로 대개는 뜻을 펴지 못하고 시골로 물러났다. 정계 진출에 실패하거나 또는 처음부터 그러한 욕심을 갖지 않고 지방에 은거하면서 학문 탐구와 후진 양성에 힘을 기울인 선비들을 지칭한 것이 바로 사림이었다.

사림은 공통된 기반을 갖고 있었다. 이들은 지방에서 중소 지주 계층이었다. 향촌에서는 일정한 지배력도 갖고 있었다. 이러한 경제력과 지배력이 자신들의 건축물을 지을 수 있는 바탕이 되었다. 학문적으로는 주자의 성리학을 추구하였다. 특히 주자의 행적이 자신들의 행동거지의 지표가 되었다. 주자는 때때로 관직에 나가 자신의 뜻을 펼치기도 했지만 만년에는 무이산에 들어가 무이정사를 짓고 그 곳에서 후진을 양성하면서 자연 속에 묻혀 시를 짓고 살았다. 이는 조선 사림들의 하나의 이상이 되었다. 많은 선비들이 고향 주변 경승지를 찾아 그 곳에 무이정사와 유사한 정사를 짓거나 정자를 짓고 그 곳에서 은거하면서 시 짓고 학문 탐구로 낙을 삼았다.

흔히 선비의 생활공간을 장수(藏修)와 유식(遊息)의 두 단어로 정의한다. 장수는 학문을 통한 수양을 의미하며, 유식은 즐기며 휴식하는 것으로 이를 통해 다시 장수할 수 있는 에너지를 보충하는 것을 뜻한다. 장수와 유식은 궁극적으로 선비들이 고도의 인격 완성을 위한 과정이라고 할 수 있으며 정자나 정사는 장수와 유식을 실현하는 구체적인 건축공간인 것이다.

송나라 주자의 행적을 이상으로 삼고 장수와 유식의 공간을 꾸미고자 했지만 조선 사림이 지은 정자나 정사 건물은 송나라와 달랐다. 조선 고유의 건축 형식을 만들어 간 것이다. 고유한 건축 형식을 만들 수 있었던 가장 큰 바탕은 조선시대 와서 확산된 온돌과 마루였다.

온돌은 기원이 삼국시대 이전으로 거슬러 올라간다. 초기에는 실내 전면에 구들이 설치되지 않고 방 한쪽에 부분적으로만 설치되어 있었다. 실내 전체에 구들이 설치되는 온돌은 고려시대 후반기경으로 추정된다. 구들이 실내 한쪽에 부분적으로 설치되는 것은 중국의 북쪽 지역에서도 쉽게 발견되지만 실내 전면이 구들이 되는 온돌은 현재로는 한민족의 고유한 난방 시설로 알려져 있다.

고려 말이나 조선 초기 정자는 대개 그 바닥이 마루로만 되어 있고 사방이 트여 있는 것이 보통이었다. 이것은 주변 경치를 감상하고 친구들과 술 마시며 시 짓는 유람의 기능에 적합한 것이었다. 그러나 16세기 선비에게 정자는 단순한 휴식처만이 아니고 학문 탐구의 장소였다. 따라서 이 곳에는 폐쇄적이고 자신만의 학문 세계에 몰입할 수 있는 또 다른 공간이 필요했다. 그것을 해결해 준 것이 온돌이었다.

온돌은 난방을 목적으로 한 시설이며 바닥을 구들로 꾸민 실내는 폐쇄적인 구성을 한다. 가급적 벽에 창문을 적게 내어 열의 손실을 막고 천장도 낮게 꾸민다. 온돌방은 그 자체로는 폐쇄적이고 취침을 주로 한 단순한 공간이다. 그러나 온돌은 마루와 한 지붕 아래서 결합되면서 한 민족만이 창출해 낼 수 있는 다양하고도 독특한 실내 공간을 만들어 내게 되었다. 즉 폐쇄적이고 따뜻한 온돌방과 개방적이고 시원한 마루가 서로 결합하면서 실내 공간의 대조적인 효과가 증대되고 벽체 창문의 다양한 표정이 창출될 수 있었던 것이다. 온돌방의 작고 소극적인 창문들과 마루의 넓게 개방된 창문이 건물 벽면에 다양한 변화를 만들어 준 것이다. 이 두 요소가 한 지붕 아래 만나면서 사림의 정자는 중국과 다른 조선 고유한 독창적인 건축 세계를 펼쳐 갈 수 있었던 것이다.

또 한 가지 사림 정자의 건축세계를 다양하고 풍성하게 만든 것은 정자에서 읊었던 선비들의 시와 노래였다. 누각이나 정자에서는 시를 짓고 노래를 읊는 것이 관례였다. 명 건축에 명시가 나오게 마련이었다. 이런 시들은 중국에서 일찍부터 자리잡았던 것이고 우리나라에서도 고려시대 이전부터 많은 뛰어난 한시를 지어 왔다. 고려 후기에 와서는 한시뿐이 아니고 우리말에 맞는 노래 가사를 만드는 시도가 나타났고 그것은 조선시대에 들어와 정착되어 갔다. 경기체가나 시조(時調) 그리고 가사(歌辭)가 우리말이 바탕이 된 시가들이었다. 그 가운데도 특히 가사는 16세기에 와서 사림세력이 고유한 영역으로 정착시킨 분야였다. 가사 자체의 기원은 고려 말로 거슬러 올라가는 것으로 알려져 있지만 그것이 널리 자리잡고 특히 정자와 같은 건물과 일체가 되어 문학적 완성도를 달성한 것은 사림에 의해서인 것이다. 사림이 세운 정자는 단지 건축적 고유성 못지않게 이러한 시가 속에서 그 건축적 풍요로움을 더

해 간 것이다.

2. 봉화 청암정과 담양 면앙정

경상북도 봉화읍 일대에는 충재 권벌 및 그 자손들과 관련된 유적들이 널리 산재되어 있다. 유곡 즉 닭실 마을은 이들 유적 가운데도 가장 중심되는 곳으로 손꼽힌다. 여기에는 마을을 처음 개척한 권벌의 종가를 비롯해서 공부하던 곳인 충재 그리고 청암정이라는 정자가 한 곳에 모여 있다. 낮은 언덕을 뒤에 두고 그 아래 종가가 자리잡고 있고 종가 옆으로 약간 떨어져서 작고 단출한 모습의 서재가 놓이고 그 바로 옆에 거대한 바위 위에 당당하고 우뚝한 외관을 갖춘 정자가 자리잡았다.

종가는 후대에 개조된 평범한 건물이지만 충재와 청암정은 16세기 초에 처음 조성된 건물 모습을 잘 간직하고 있다. 충재는 마루 1간에 온돌방 2간으로 된 간결한 건물이다. 특별한 치장도 없고 창문도 작고 소박한 모습이다. 이 건물은 한 사람의 선비가 조용히 방에 앉아 학문에 몰두하고 또 손님이 찾아오면 마루에서 서로 예를 갖추는 데 필요한 최소한의 공간으로 이루어져 있다. 절제되고 질박함을 추구한 선비의 정신세계가 건물에 잘 투영되어 있다. 거기 비해서 그 곁에 세워진 청암정은 전혀 다른 품격을 보인다. 물이 휘돌아감아 도는 한가운데 거대한 바위가 있고 그 바위 위에 당당한 외관을 한 개방된 모습의 정자가 우뚝 솟아 있다. 정자는 6간의 개방된 마루를 중심으로 한쪽에 따로 4간의 마루방을 붙여 전체적으로 T자형을 이룬다. 넓게 트여진 마루 한가운데는 큰 글씨로 쓴 청암정 편액이 실내를 가득 채운다. 정자로 가기 위해서는 돌다리를 건너야 되는데, 반듯하게 다듬은 긴 장대석 두 개로 연결된 이 돌다리를 보면, 정자를 지은 주인의 막대한 재력과 마을에서의 지배력을 가늠하게 한다. 서재 건물에서 느끼는 선비의 모습과는 또 다른 향촌의 지배 계층으로써의 풍모를 느낄 수 있다.

권벌이 출생한 곳은 안동이었다. 이미 선대부터 지역에 많은 토지를 보유하고 있었는데 삼촌으로부터 봉화의 토지까지 물려받았다. 20대에 과거 시험에 합격해서 오랫동안 중앙의 요직에서 관직 생활을 했다. 그러나 1519년에 조광조를 숙청하는 사건인 을묘사화가 일어나면서 간접적인 연루 혐의로 벼슬에서 물러나게 되었다. 귀향하게 되자 농장이 있던 봉화에 자리잡고 여기서 14년간 지나게 되었다. 이 때 지은 것이 충재와 청암정이었다. 이후 다시 정계에 복귀하여 벼슬이 종1품인 의정부 우찬성에까지 이르렀다. 그러나 말년에는 다시 훈구파의 정치적 탄압에 밀려 결국 함경도의 귀양지에서 숨을 거두었다. 다만 지역의 경제력은 그대로 유지되어 자손들에게 물려준 토지는 논밭으로 2,300여 마지기(약 70헥타르)에 달했고 노비는 3백여 명에 이르렀다. 이런 경제력 덕분에 권벌의 자손들은 향리에서 계속 지배 계층으로 살아갔으며 또 많은 건축물을 지어 냈다. 권벌의 맏아들은 부친이 경영한 유곡의 하류에 석천정사를 지었고 손자는 다시 춘양으로 거주지를 옮겨 이 곳에 한수정을 남겼다.

석천정사는 계곡 물이 힘차게 흐르는 바로 곁에 축대를 높이 쌓고 그

사진 39. 봉화 충재와 청암정

사진 40. 청암정 편액

위에 6간의 개방된 정자를 짓고 거기 잇대어서 2간의 온돌방을 두어 휴식하는 정자와 학문하는 서재를 한 건물로 연결시킨 형태를 취하고 있다. 또한 손자가 지은 한수정은 삼면에 물이 흐르는 빼어난 경관을 살리면서 T자형의 평면 안에 마루와 온돌이 적절히 분배되고 실내 바닥 높이를 조절해서 개방된 정자와 폐쇄된 서재의 공간을 한 건물 안에 압축시킨 건물이다.

16세기에 들어오면 영남 지역에는 많은 뛰어난 인물들이 등장해서 지역의 지배층으로 성장했다. 이들 가운데 일부는 성공적으로 중앙 정계 진출을 이룬 인물도 있고 향리에서 일생을 보내는 경우도 있었다. 어느 경우든지 이들은 고향 땅 주변에 장수와 유식을 위한 정자나 서재를 짓는 데 열심이었다. 지금도 그 흔적은 곳곳에 남아 있다. 경주 안강의 회재 이언적 유적인 독락당과 계정도 그런 유적 중 하나이다.

독락당은 이언적이 중앙 요직에 몸담고 있다가 벼슬에서 쫓겨난 뒤 시골에 머물면서 지은 살림집이다. 이 살림집에 인접해서 큰 바위들 사이로 맑은 계곡 물이 흐르는 바로 곁에 계정이라는 작은 정자를 지었다. 냇물에서 두 길 정도 높은 대지 위에 3간 건물을 꾸미고 2간의 개방된 마루방과 1간 온돌방을 두었다. 이 온돌방은 다시 옆으로 방이 이어져 ㄱ자 꼴을 이룬다. 가운데 마루에는 계류를 내려다볼 수 있도록 물가로 바짝 내밀어 난간을 설치해서 힘차게 흐르는 물소리를 들으며 주변 경치를 즐길 수 있도록 했다. 난간을 받치는 기둥은 그대로 냇물 위 바위에 자연스레 세워져서 마치 건물이 냇물에 높게 걸쳐 있는 듯이 보인다. 이 난간을 지탱하는 기둥은 모서리를 접어서 가늘게 보이도록 하는 세심한 가공을 했다. 이 집은 빼어난 자연 경관에 건물을 적절하게 조화시키면서 3간의 작은 정자를 세련되고 섬세하게 완성시킨 건물이다. 홀로 즐긴다는 뜻의 독락이란 당호를 붙인 사랑채에서 계정으로 해서 물고기를 바라다본다는 관어대로 이어지는 주변의 아름다운 경관과 절제되면

사진 41. 경주 독락당 계정 전경

서 세심하게 자연에 조화시킨 건축의 아름다움이 은거하는 선비의 자세를 잘 구현해 주고 있다.

한편 호남 지역 역시 영남과는 또 다른 괄목할 건축 유적을 남겼다. 대표적인 사례로 송순의 면앙정을 들 수 있다. 송순은 담양에서 태어나 20대 말에 별시에 급제하여 중앙 관직에 진출했으며 홍문관, 사간원 등을 거쳐 의정부 우참찬을 지냈다. 송순 역시 당시 훈구파와 사림세력의 정치 알력에 휘말려 귀양을 살기도 하고 정치적 탄압을 피해 고향에 내려가 있기도 했다. 아름다운 고향 자연에 대한 애착을 갖고 있던 송순은 이미 30대 초에 고향 주변 경관이 수려한 장소를 매입해 두었고 10년이 지나 나이 41세가 되었을 때 이 곳에 소박한 정자 하나를 지었다. 이 때의 심경을 국문 가사로 이렇게 노래했다.

> 십 년을 경영하여 초가 3간 지어 내니
> 나 한 간 달 한 간에 청풍 한 간 맡겨 두고
> 강산은 들일 데 없으니 둘러 두고 보리라.

이 정자는 송순의 나이 60이 되었을 때 개축되어 지붕은 기와를 덮고 건물 평면은 위 가사에서 노래한 대로 주인 1간에 달 1간, 청풍 1간씩 맡기고 사방을 터서 강산을 마음껏 감상할 수 있는 모습으로 단장되었다. 그 평면 형태는 정면 3간에 사방이 개방되고 가운데 1간을 온돌방으로 꾸민 독특한 것이 되었다. 정자가 완성되었을 때 고봉 기대승이 찾아와서 기문을 지어 주면서 그 평면 모습을 '삼간사허(三間四虛)' 라고 정의했다. 삼간 건물에 가운데 방을 남기고는 사방이 비어 있다는 뜻으로 풀이된다.

이 건물은 송순의 시가에서 노래했듯이 청풍명월을 즐기는 데 가장 적합한 형태이다. 호남은 사림이 자리잡기 시작한 15세기 말 이래로 하서 김인후를 비롯해서 기라성 같은 문인들이 배출된 지역이다. 송순은 그러한 문인 계보의 앞자리에 위치한 인물이며 송강 정철은 그 절정에 도달한 시인이었다. 이들이 노래한 시가의 바탕에는 풍류 정신이 있었다. 자연의 아름다움에 취해 그 속에서 인생의 참 즐거움을 노래한 것이다. 면앙정의 건축 형태는 이러한 풍류정신을 건축으로 가장 적절하게 구체화시킨 것으로 평가된다.

호남 지방에는 지금도 면앙정처럼 3간에 가운데 방 1간을 두고 사방을 개방한 독특한 형태의 정자 건물이 산재해 있다. 양산보가 담양 소쇄원에 건립한 광풍각을 비롯해서 장흥 사인정, 순창 귀래정, 고창 취석

사진 42. 담양 면앙정

정, 광주 호가정, 화순 송석정, 나주 벽류정 등 일일이 열거할 수 없을 정도의 많은 정자들이 남아 있다.

이런 정자의 주인공들은 영남지방과 마찬가지로 15세기 이래로 농촌 지역을 바탕으로 형성해 간 지방 사족들이었다. 이들은 적지 않은 농토를 확보하여 안정된 경제 기반을 구축하고 자손들을 학문에 전념시켜 선비로서의 사회적 지위를 확보했다. 나아가 관계에 진출해서 정치적 힘을 획득해 지역의 양반 계층으로 성장해 나갔다. 16세기에 접어들면서 이러한 지역 양반층은 영남이나 호남을 비롯한 전국적인 현상으로 확산되었다.

16세기 지방 양반들에 의해 지어진 정자들은 비록 3간의 극히 제한된 작은 규모이지만 바로 이 온돌과 마루의 결합을 통해서 무궁무진한 평면의 변화와 벽면 의장의 다양성을 획득하였다. 봉화의 충재는 마루 1간에 온돌 2간으로 구성된 작은 건물이지만 대조적인 실내 구성을 통해 다양한 공간 구성과 벽면 의장을 만들어 냈다. 한수정은 온돌과 마루

사진 43. 순창 귀래정

가 복잡하게 교차되고 바닥 높이를 조절하면서 실내 공간에 많은 변화를 만들어 냈다. 호남의 면앙정은 가운데 1간의 온돌방을 두고 사방을 마루로 개방함으로써 자연을 즐기고 그 안에서 학문에 깊이 몰입하는 선비의 면모를 3간의 정자에서 성공적으로 완성시켰다.

이것은 주변의 다른 목조건물을 지어 왔던 민족들이 생각해 내지 못한 한민족의 고유한 건축적 성취였다. 그것이 가능했던 것은 16세기 지방 양반세력들의 성장이라는 사회적 움직임과 이 시기에 널리 확산된 온돌과 마루의 결합이라는 주거 문화의 혁신이 있었기 때문이었다.

3. 퇴계의 도산서당 — 최소 공간의 미학

퇴계 이황이 안동 북쪽의 예안현 온계리에서 태어난 것은 1501년이었다. 16세기가 시작되는 첫해인 이 해는 연산군 재위 7년째로, 정계에는 서서히 사림세력이 대두하기 시작하고 있었다. 아울러 지방의 선비들

사이에서는 성리학에 대한 본격적인 이해와 그 철학적 탐구에 몰두하는 경향이 나타났다.

퇴계의 생애는 크게 세 시기로 나눈다. 출생에서 33세 때까지는 유교 경전을 연구하는 데 열중했던 수학기이고, 34세 때 과거에 급제하여 벼슬길에 나가면서부터 49세 때 풍기 군수를 사직하고 귀향할 때까지의 중년기는 벼슬살이를 하던 시기이며, 50세 때부터 70세까지의 만년기는 관직은 높아졌지만 끊임없이 사퇴하면서 고향에 돌아와 연구, 강의, 저술에 전념하던 강학기이다.

43세 때 왕명으로 『주자대전』을 교정하면서 주자학의 이해를 심화시킨 퇴계는 본격적인 학문 연구를 마음에 두고 46세 때 휴가를 얻어 고향에 돌아와서 집 근처 시냇가 바위 곁에 양진암을 지었다. 산과 물로 둘러 쌓인 이곳에서 심신을 수양하면서 양진암 앞을 지나는 토계를 퇴계라 이름을 고치고 자신의 아호로 삼았다. 이윽고 49세 때에는 벼슬을 버리고 고향에 돌아와 몇 차례 위치를 이동하다가 마침내 시내 서쪽에 한서암을 지었다. 다시 51세가 되었을 때 한서암을 철거하고 시내 북쪽에 계상 서당을 지어 문인들과 강학하였다.

뛰어난 시인이기도 했던 퇴계가 이 때의 심경을 아래와 같이 한시로 읊었다.

身退安愚分　몸 물러나니 어리석은 내 분수에 편안한데
學退憂暮境　학문이 퇴보하니 늘그막이 걱정스럽네
溪上始定居　퇴계가에 비로소 거처 정하니
臨流日有省　흐르는 물 굽어보며 날로 반성함이 생기네

(「퇴계」, 이장우 · 장세후 역 『퇴계마을의 노래』)

그 뒤에도 다시 서당 옮길 자리를 찾아다니다가 결국 도산 남쪽에 자리를 얻었다. 다음해부터 서당 세울 계획을 본격화하여 건물 평면은 퇴계 자신이 직접 그림을 그려 구상하고 집 짓는 일은 집안에서 오랫동안 출입하던 용수사의 승려 법연에게 맡겨 일을 도모하였다. 이듬해 법연이 죽자 그의 제자인 정일이 이어받아 60세 되던 동짓달에 드디어 도산서당이 완성되었다. 이듬해에는 서당 바로 곁에 제자들이 머물 농운정사도 완성되었다.

도산서당은 한일자 형태의 단순한 3간 건물이다. 평면의 형태는 1간의 마루와 또 1간의 온돌 그리고 1간의 부엌으로 이루어져 있다. 그 기본형은 이미 봉화의 충재에서 볼 수 있는 것이었다. 동쪽 끝의 마루는 2면이 개방되고 천장은 서까래가 노출된 간결한 모습이었는데 퇴계는 이곳에 암서헌이란 이름을 지었다. 그 옆 서쪽의 온돌방은 천장을 종이로 바르고 문을 작게 내어 아늑히 머물 수 있도록 꾸몄다. 이 방은 이름을 완락재라 했다. 여기 마루로 된 암서헌은 손님이 왔을 때 서로 예를 나누는 행례의 장소로 삼았으며 완락재는 고요히 방에 들어앉아 책을 읽고 잠을 자는 곳이다. 그 뒤의 부엌은 방에 불을 넣고 물을 끓이는 간단

사진 44. 안동 도산서당 내부

한 시설이 마련되었다. 이 3간이면 선비가 다른 일에 마음을 빼앗기지 않고 오로지 학문에 몰두할 수 있는 최소한의 공간이라고 여겼던 것으로 보인다.

한 가지 도산서당의 특징은 3면에 퇴를 달아 낸 점이다. 암서헌의 옆으로는 덧지붕을 달아 내고 마루를 연장해서 비가 들이쳐도 실내에 빗물이 들어오지 않도록 했으며, 뒤쪽에 달아 낸 퇴간 덕분에 완락재 북쪽에는 물건을 넣어 두는 선반을 만들 여유를 얻었다. 선반에는 서가를 짜서 고서 천여 권을 좌우로 나누어 꽂았으며, 화분 한 개, 책상 한 개, 연적 하나, 지팡이 한 개, 침구, 돗자리, 향로, 혼천의를 두었다. 방의 서쪽은 반침을 두어 가로막고 그 사이는 비웠다. 부엌 바깥쪽으로도 퇴간이 생겨서 완락재 서쪽의 반침 때문에 좁아진 부엌 공간에 여유를 줄 수 있었다. 이 3면의 퇴간 역시 퇴계 자신의 고안으로 궁리된 것이다. 봉화의 충재에서 볼 수 있는 기존의 3간짜리 서재 건물의 형식을 따르되 거기에 새로운 창안을 가미해서 부족한 공간을 확장하였다.

사진 45. 안동 도산서당 앞마당

도산서당은 선비가 자연 속에 머물면서 학문에 전념할 수 있는 최소한의 공간으로 조성되었다. 마루 1간은 행례를 위해 마련하고, 온돌 1간은 책을 읽고 취침할 수 있는 공간이며 여기에 방에 불을 넣고 음식을 준비하는 최소한의 부엌 시설이 준비된 것이다. 건물은 아무 치장을 가미하지 않고 이 최소한의 공간을 지탱할 수 있는 간결하고 질박한 구성을 하였다. 기둥은 굵고 견실하며, 창문은 각 실의 용도에 맞추어 소박하고 간단하게 짜여졌다.

이 건물은 선비의 절제된 품격이 그대로 드러나는 모습이다. 쓸데없이 과장되거나 군더더기를 덧붙이지 않았다. 그렇다고 누추하지 않다. 이처럼 간결하면서도 높은 건축적 완성도가 달성되는 데는 집을 짓는 장인의 탁월한 안목이 필요했다.

도산서당을 지은 목수는 용수사의 승려 법연과 그 제자 정일이었다. 처음에 법연이 일을 준비하다가 죽는 바람에 정일이 스승의 뒤를 이어 마쳤다. 이처럼 조선시대에 지방 선비들의 건축 일을 승려들이 맡는 것은 16세기에는 널리 일반화된 현상이었다. 사찰의 승려들은 이미 고려시대 후기부터 절 집 짓는 일에 직접 장인으로 활약해 왔다. 그것은 장인 일이 승려의 수행 과정의 하나가 되기도 했고 또 지방 산간에서 달리 유능한 기술자를 구하기 어려웠던 사정에 기인된다. 조선시대에 들어와 나라에서 불교를 정책적으로 억압하면서 승려들의 자급자족적인 활동은 더 확대되었다. 그 중에는 뛰어난 목수들도 적지 않게 배출되어 사찰 공사는 물론 지방의 관청 공사에도 진출하였다. 16세기에 들어와 지방의 양반들에 의해 건축공사가 활발히 벌어지자 민간 목수가 부족했던 지방에서는 이들 승려 장인들에 의존해서 많은 건물들을 지었다. 특히 양반들의 주택이나 정자, 서원에서 그런 경향은 거의 전국적으로 확산되었다. 도산서당의 법연, 정일 역시 그러한 승려 장인 중 한 사람이었던 것이다.

16세기 승려 장인들은 서울의 궁궐 짓는 목수들과는 달리 산간의 작은 사찰에 머물면서 넉넉지 않은 살림 속에서 실속있는 건물을 지어내는 지혜를 키워 왔다. 이 시기 선비들의 정자 건물 중에는 사찰 승방을 지으면서 기량을 익힌 승장들에 의해 지어진 건물이 적지 않다. 이 건물들은 사찰의 승방과 같은 소박한 건물의 연장선 상에서 선비들의 품격에 맞춰 지어졌다고 짐작된다.

서당이 완성되고 나서 퇴계는 주위의 담이나 문, 연못은 물론 주변 산수에도 일일이 이름을 붙이고 이를 시로 읊어 도산잡영 44수를 남겼다. 그 이름 지은 뜻은 주로 주자의 시구를 빌렸는데, 완락재는 주자의 「명당실기」 중에 "즐겨 완상하여 족히 나의 일생을 마쳐도 싫어하지 않으련다"(樂而玩之, 足以終吾身而不厭)는 문장에서 취하고, 암서헌은 주자의 시에 나오는 구절에서 땄다. 그 밖에 서당 동편에 조그마한 네모난 못을 파고 그 가운데 연을 심어 정우당이라 이름하고, 또 그 동편 샘은 몽천으로, 몽천 위 산기슭에는 매화, 대, 솔, 국화를 심고 절우사라 하고, 서당 앞 드나드는 곳에 사립문을 달아 유정문이라고 이름지었다.

다시 서당 주변의 입구는 곡구암, 그 뒤 험한 절벽 아래 물이 고인 곳은 탁영담, 절벽 위 높은 대는 천영대라 불렀다. 서편 멧부리에도 대를 쌓아 천광운영이라 이름하고 탁영담 속 넓적한 바위는 반타석이라 불렀다. 이런 이름은 모두 선현들의 문헌에 출현하는 의미 있는 것들이다. 퇴계가 서당을 한창 짓고 있던 도중에 읊은 다음 시에서 자연에 숨어 학문을 정진하고자 한 마음을 읽을 수 있다.

自喜山堂半已成　기쁘도다 내 산집 반은 하마 이뤄졌네
山居猶得免躬耕　산중살이 오히려 농부는 면했다오
移書稍稍舊龕盡　책을 옮겨 차근차근 묵은 책장 거의 비고
植竹看看新事生　대 심어 보고 보니 새 죽순 돋아나네
未覺泉聲妨夜靜　샘소리 드높은들 밤의 고요 해로우리

更憐山色好朝晴　산빛이 아름다워 개인 아침 더욱 좋네
方知自古中林士　알패라 예로부터 숲속에 깃든 선비
萬事渾忘欲晦名　온갖 일 모두 잊고 이름마저 숨기고저
(陶山言志, 『국역퇴계집』, 한국정신문화연구원)

도산서당 자체는 극히 소박하고 작은 3간의 건물에 지나지 않는다. 그러나 서당 주변의 자연에 각기 이름을 지어 놓고 이들을 노래한 시를 지음으로 해서 도산서당의 공간은 무한히 확대되고 주변의 아무 의미 없던 자연물은 서당과 일체가 되어 하나의 인문학의 세계로 들어올 수 있었다. 여기에 시적 감흥을 적어 내어 건축과 시가 하나로 완성되는 경지를 보여 주었다.

퇴계는 치열한 학문적 열정을 안고 벼슬도 버리고 고향에 돌아가 조선 성리학의 기틀을 다졌다. 그러한 열정은 건축에도 확대되어 그 자신 직접 건물 평면을 구상하고 그림을 그려 도산서당을 지었다. 도산서당이 지어진 1560년은 조선의 선비들이 성리학을 조선 고유한 철학으로 승화시키는 데 뚜렷한 성과가 나타나기 시작한 때였다. 마찬가지로 이들이 머물며 학문에 몰두하던 건축물도 조선 고유한 건축 세계를 창출하는 정점에 도달한 시기였다. 온돌과 마루라는 고유한 건축 요소를 바탕에 두고 선비의 절제된 미의식과 자연을 인문학의 세계로 끌어들이는 원대한 구상력을 동원해서 3간의 작은 서당은 조선시대 건축의 역사에 큰 획을 긋게 된 것이다.

4. 퇴계 문인과 율곡 문인의 건축세계

16세기 말에서 17세기로 넘어가면서 성리학에 대해 조선 지식인이 이룩한 학문적 성장은 괄목할 만한 것이었다. 16세기에는 서경덕이나 조식 등 뛰어난 학자들이 배출되고 여러 문파의 제자들이 형성되었으며 17세기로 넘어가면서 율곡 이이의 제자들과 퇴계 이황의 제자들이 가장 뚜렷한 문파를 구성하였다. 학파의 형성은 활발한 선비층의 성장을 촉진했다. 선비들은 제각기 고향 주변에 자신의 학문 활동 거점을 만들었으며, 그에 따라 각 지역에는 선비들에 의해 지어진 정사 건물이나 정자로 가득하게 되었다.

율곡 이이의 존재는 조선 성리학을 학문적으로 한 단계 성숙시키는 큰 계기가 되었다고 한다. 퇴계가 생각했던 이기이원론적 경향은 율곡의 이기일원론적 해석을 통해서 서로 절충하거나 종합하거나 지양하여 새로운 이론을 제기하여 성리학의 다양한 발전을 전개할 수 있었다.

율곡의 학문은 사계 김장생에 계승되어 철저한 예학의 탐구로 발전했으며 우암 송시열에 이르러 집대성될 수 있었다. 이들 외에도 경기도, 충청도 일대의 많은 선비들이 율곡을 종장으로 한 각자의 학문세계를 열어 나갔다. 서인으로 지칭되는 이들에게 주자는 성인으로 추앙되고 주자의 행적은 이상적 삶의 표상이었다.

율곡은 나이 43세 되었을 때 벼슬 생활을 청산하고 황해도 해주 근처 수양산 아래 은병정사를 짓고 학문 탐구와 제자 양성에 전념한다. 정사가 있는 곳은 강물이 40리를 흘러 아홉 번이나 굽이돌아서 바다로 들어가는데 각 굽이마다 연못을 이루었다고 한다. 그 경승이 우연히도 주자가 은거한 무이구곡과 비슷해서 고산 석담구곡이라 했다. 그 중 5곡에 정사를 짓고 무이의 대은병의 뜻을 취하여 은병이라 이름짓고 주자의 무이도가를 본따서 고산구곡을 지었다고 한다. 은병정사나 고산구곡의 구성을 보면, 율곡이 얼마나 주자의 행적을 사모했는지 짐작케 한다.

정사는 흔히 불교를 신봉하는 사람들이 수행을 위해 함께 머무는 장소로 지칭하지만 주자는 정사가 본래 학문하는 사람들이 함께 모이는 곳으로 주장하며 무이산 아래 자신의 거처를 무이정사로 이름지은 바 있다. 여기 자극받아서 16세기 조선의 많은 선비들이 각기 여러 정사를 짓게 되었고 율곡의 은병정사 역시 그 중 하나였다. 은병정사에는 율곡의 학문을 따르는 많은 제자들이 모여들었으며, 그 중 대표적인 인물은 김장생이었다. 김장생은 뒤에 충청도 연산에 내려가 양성당이라는 집을 짓고 예학에 대한 깊이 있는 탐구에 몰두했고 그의 학문은 뒤에 송시열로 이어졌다. 송시열은 회덕 일대 여러 곳에 자신의 거처를 마련했는데 그 중 가장 오랜 기간 주로 머무른 곳은 청주 인근 화양동이었다. 화양동은 그 지세가 아홉 구비 계곡 물이 돌아 흐르며 곳곳에 기암절벽과 깊은 물웅덩이가 있는 경승지였다. 뒤에 이 곳은 화양구곡으로 불려지게 되는데 송시열은 그 가운데 제4곡에 해당하는 곳에 암서재를 짓고 학문 탐구의 본거지로 삼았다.

같은 학맥을 이은 김수증은 벼슬을 버리고 강원도 화천의 깊고 맑은 계류를 찾아 화음동 정사를 경영하였다. 송시열의 화양에 대비되는 이름이었다. 이 곳에 주역을 비롯한 고대 예학의 경서 내용을 바위에 새겨 학문의 지표로 삼고 삼일정, 부지암 등의 건물을 지었다. 그 주변은 역시 아홉 구비의 물줄기와 빼어난 절벽과 물웅덩이를 갖춘 계곡이 있었으므로 이 곳을 곡운구곡이라 이름짓고 곡운을 자신의 호로 삼았다.

영남지역에서는 퇴계의 문인들이 세력을 확장해 나갔다. 퇴계의 1대 제자라고 할 수 있는 월천 조목, 학봉 김성일이나 서애 유성룡, 한강 정구 등은 다시 정경세, 이현일 등 2대 제자들을 파생시켜 나가면서 학문적 성숙과 함께 학파의 위상을 굳혀 나갔다. 율곡과 그 문인들이 주자의 행적을 본보기로 삼아 무이구곡을 닮은 경승지에 조선의 구곡을 구현하고자 했던 데 비해서 퇴계의 문인들은 영남 지역을 근거지로 해서 퇴계의 행적을 본보기로 삼으면서 각자의 학문 장소를 조성했다.

조목은 도산서당 바로 아래 퇴계와 가장 가까운 거리에서 월천서당을 짓고 일생을 지냈다. 특히 이 서당 앞마당에는 꽃나무를 무성히 심고 한

사진 46. 청주 화양동 암서재

가히 거니는 섭취원(涉趣園)을 꾸몄다. 김성일은 고향 안동의 집 남쪽 청성산 가파른 산중턱에 자연석 두 개가 마치 돌문을 이룬 경승지를 보고 이 곳에 석문정사를 짓고 장수하는 곳으로 삼았다. 유성룡은 향리 하회촌에 원지정사를 세웠다. 정사에는 높은 누각이 딸려서, 주변 낙동강을 바라다보는 운치가 있었다. 또 마을 건너 절벽 아래 옥연정사를 지었다. 절벽 위에는 이미 형 유운룡의 겸암정사가 있었는데 마을을 내려다보는 절승지였다.

정구는 벼슬을 받았지만 나가지 않고 31세 때 향리 성주 산기슭에 한

사진 47. 바위에 새긴 음양도(화천 화음동 정사)

강정사를 짓고 학문을 탐구했으며, 다시 41세 때는 경승지를 찾아 작은 서재를 지어 회연초당이라고 명했다. 여기에는 매화와 대나무를 마당에 심고 백화원이라 이름짓고 방을 불괴(不愧), 창을 매창(梅窓), 헌을 옥설(玉雪)이라고 정하고 자신의 서식 장소로 꾸몄다. 나이 62세가 되었을 때는 다시 수도산 안에 샘과 바위가 깨끗하고 인적이 드문 곳에 초가 3간을 지어 서운암이라 하고 암자 아래는 비운교, 만월담을 두고 주변에 산천암, 완폭정 등을 휴식처로 삼고 이 곳을 무흘정사로 이름지었다. 한강정사나 산천암 등 편액은 주자의 글에서 따왔다. 이들 퇴계 문인들의 정사를 보면, 주변에 인공적으로 화초를 가꾸고 나무를 심어 소요하는 공간을 만들거나 주변 경치를 감상하기 위해 누각을 세우거나 높은 대 위에 건물을 세우는 경향을 볼 수 있다.

현재 퇴계 문인이나 율곡 문인의 유적으로 본래 모습을 전하는 건물은 많지 않다. 또 남아 있다고 해도 주변의 경승은 훼손되어 없고 단지 건물만이 초라한 모습을 전하고 있을 따름이다. 그럼에도 아직 옛날 집

주인들이 건물에 앉아 학문을 탐구하고 방문객을 맞아 시를 짓던 흔적을 부분적으로 전하는 곳들을 찾아볼 수 있다.

안동 청성산의 석문정사는 주변 석문의 경관이 잘 남아 있고 건물도 학봉이 거처할 때의 윤곽을 유지하고 있다. 7부 능선 정도의 높은 곳에 자리잡아 주변이 한눈에 들어오는 곳에 있으며 건물은 왼쪽에 마루 4간, 오른쪽에 방 2간이고 방 뒤로 책을 두는 서고가 딸려서 전체로는 ㄴ자형을 이룬다. 비바람이 몰아치는 곳이므로 마루에는 판자로 문을 달았고 또 집 앞 3면에 덧지붕을 해 달았다. 실내의 편액은 석문정이다. 이 건물처럼 전체 정면 3간에 측면 2간을 두고 한쪽에 4간 마루, 옆에 2간 온돌방을 두는 것은 영남지방을 비롯해서 16, 17세기에 거의 전국적으로 가장 일반적으로 지어지는 정자의 기본형이다. 이것은 장수와 유식을 목적으로 하는 정자의 기능에 맞추어 자연스럽게 형성된 건축 형식이라고 생각된다. 충재나 도산서당이 순수한 학문 장소에 맞추어 단지 3간 크기에 머무른 데 대해서 이들 정자는 전체 6간으로 마루에서 손님을 맞고 시를 읊으며, 방에 들어가 책을 읽거나 잠을 자는 기능에 가장 적절한 규모와 형태로 자리잡은 것이라고 할 수 있다.

석문정과 같이 한쪽에 4간 마루, 다른 쪽에 2간 온돌을 둔 건물은 영남지방의 퇴계 문인 건물에서 가장 보편적으로 발견된다. 유사한 건물로, 학봉의 형인 김수일이 안동 천전 종가 강 건너에 세운 백운정, 임연재 배삼익의 금역당, 송암 권호문의 관물당 등이 비교적 건물의 원형을 잘 간직하고 있다.

이에 비해 유성룡의 옥연정사나 형 유운룡의 겸암정사는 지형 조건이나 용도에 맞추어 평면에 변화를 준 모습이다. 겸암정사는 정면 4간으로 1간 커진 규모에 온돌방을 좌우에 분산시켰으며, 옥연정사 역시 정형을 벗어난 모습이다.

17세기 영남지방에는 퇴계의 직접 제자는 아니지만 그 문인들과 학문

사진 48. 안동 겸암정사에서 본 하회마을

사진 49. 안동 백운정

적 교류를 유지한 선비들도 적지 않다. 이 가운데 특히 영천을 중심으로 한 선비들의 정자 중에는 위의 안동 주변 정자와는 평면 구성이 조금 다른 유형이 널리 산재해 있다. 대표적으로 임란 때 의병장으로 활동한 정세아의 강호정이 있다. 이 건물의 가장 큰 특징은 온돌을 좌우에 대칭으로 배치시킨 점이다. 정면 3간, 측면 2간의 평범한 규모이지만, 건물 앞부분 3간은 모두 마루로 하고 주변에 난간을 두르고 뒷면 3간 중 중앙 1간은 마루, 좌우는 온돌방 각 1간을 대칭으로 구성한 것이다. 본래 건물이 있던 곳이 영천 댐으로 수몰되어 지금은 산 높은 곳에 이축되어 있는데 전면 3간에 난간이 있는 것으로 미루어 원래부터 이 건물은 경사진 곳에 자리잡아 전면이 높은 누각식으로 이루어져 있었던 것으로 짐작된다. 이 건물처럼 온돌방이 좌우 대칭으로 놓이고 가운데 마루가 놓이는 평면 형식은 영천 주변이나 멀리 청송, 봉화에 이르기까지 널리 분포되어 있다. 이런 평면은 마루가 한쪽에 치우쳐 있는 평면에 비해서 마루에서 치르는 행례나 시를 짓고 손님을 접대하는 기능이 더 적절히 수용될 수 있다고 생각되는데 영남지방에서 17세기 이후 18세기로 가면서 더 일반화되는 경향을 보인다. 아마도 이 시기에 와서 학문 탐구보다는 정자에서의 행례나 접객 비중이 커지는 것과 관련이 있을 것으로 생각된다.

16, 17세기 퇴계 문인들과 관련한 정사나 정자 건물들이 비교적 잘 남아 있는 것에 비해서 기호 일대 율곡 문인들의 유적은 보존된 사례가 매우 드물다. 정사나 정자는 주인들의 사후에 그 건물을 근거로 해서 서원으로 발전되는 경우가 많았는데, 특히 호서 지역에서 그런 경향이 두드러졌다. 이런 서원들은 고종 때 서원 철폐 명령으로 대부분 훼철되고 말았다. 율곡 문인들의 유적이 많지 않은 이유 중에는 그런 사정도 있었다고 생각된다.

그런 가운데 지금 남아 있는 몇몇 건물들을 보면 한 가지 특징있는 모습을 발견하게 된다. 대전의 남간정사는 송시열이 나이 80되던 노년에 젊었을 때 잠시 머물던 흥농서재를 고쳐서 머물던 건물이다. 이 건물의 특징은 건물 아래로 샘물이 흘러 집 앞에 큰 연못을 이룬 점이다. 물이 흐르는 곳은 바닥을 마루로 하고 좌우에 온돌방을 배치했는데 왼쪽 방은 바닥 높이를 마루보다 더 높여서 방에서도 주변을 쉽게 내다볼 수 있도록 꾸몄다. 이 건물과 유사한 구성을 한 것으로 인근 대전 서쪽 옛 회덕현의 비래암 옥류각이 있다. 비래암은 송시열의 집안 사람들이 어렸을 때면 암자에 들어가 공부하던 곳이다. 옥류각은 산에서 내려오는 계곡물 바로 위에 계류 사이의 바위 위에 걸터앉듯이 세운 건물이다. 아래로는 계곡 물이 흐르고 그 위에 돌기둥을 높이 세우고 3간짜리 누각 건물을 세운 것이다. 남간정사에서 보는 것과 같이 건물 아래로는 물이 흘러 지나간다.

논산의 팔괘정은 송시열 53세 때 세운 건물이다. 정면 3간 측면 2간인 이 건물의 특징은 한쪽 온돌방 1간이 다른 부분보다 바닥이 높은 점이다. 이렇게 해서 이 온돌방은 주변 전망을 쉽게 하고 외관에도 변화를 주었다. 유사한 형태는 청원의 취백정에서도 발견된다. 송시열의 동향,

사진 50. 대전 남간정사 전경

동족인 송규렴이 만년에 머물던 건물로, 6간 중 2간의 아래는 부엌을 두고 그 위에 높은 다락을 만들어 건물의 바닥 높이에 변화를 주었다. 이 다락에 오르면 건너편 주변 경관이 한눈에 들어온다.

남간정사나 옥류각, 팔괘정이나 취백정은 모두 송시열이나 그 일족의 건물이다. 이들 건물에 공통적으로 나타나는 특징은 바닥 높이를 다르게 하여 경관을 감상할 수 있는 부분을 마련한 점이며, 또 남간정사와 옥류각에서는 건물 아래로 물이 흐르도록 꾸몄다. 이런 부분들은 영남의 정사 건물이나 호남의 수많은 정자에서 쉽게 보이지 않는 특징이다. 왜 이런 바닥의 변화가 유독 송시열과 관련한 유적에 집중적으로 보이는지 그 이유를 말하기는 어렵다. 이것이 송시열의 개인 취향의 결과인

사진 51. 대전 비류암 옥류각

사진 52. 청원 취백정

지 아니면 주기론을 주장하던 이들의 학문 성향이 그런 독특한 공간을 만들게 했는지 아직은 단정할 수 없다.

16, 17세기를 지나면서 조성된 선비들의 서당이나 정사 또는 정자 건물들은 지역적인 고유한 형태를 갖추고 있고 또 학파에 따라서도 약간의 특징을 보이고 있다. 그런 가운데 이들 건물에 공통으로 흐르는 것은 절제된 형식과 자연에 대한 적극적인 동화이다. 그 바탕에는 주자에서 비롯된 성리학적 자연관이 작용하였으며 선비들의 절제된 미의식이 있었다.

6

서원의 건축 규범

1. 서원의 성립과 전개

서원은 지방에 근거를 둔 사림세력이 선배 학자를 추모하고 후진들을 교육시킬 목적으로 건립한 일종의 사설 학문 기관이다. 그러나 서원의 역할은 단순한 학문 기관에 그치는 것이 아니고 사림이 향촌 사회에서 지배세력으로 자리잡는 근거지 역할을 담당하였다.

서원의 출발은 1543년(중종 38)에 풍기 군수 주세붕이 고려 말 학자 안향의 위패를 모시고 유생들을 가르치기 위하여 경상도 순흥에 백운동서원을 창건한 데서 비롯된다. 이후에 서원은 지방에 빠르게 확산되었다. 특히 나라에서 서원의 존재를 인정해 주고 재정적인 혜택을 주는 사액 제도가 생기면서 서원은 사림세력을 지탱하는 중요한 구심점이 되었다.

초창기 서원이 지어지기 시작할 단계에서 퇴계의 역할이 컸다. 퇴계는 서원이 사림의 습속을 바로잡고 학문의 방향을 올바르게 정하는 데 필요한 것으로 보고, 서원 제도의 정비를 추진하였다. 마침 풍기에 군수로 부임하게 되자 서원을 공인화하고 나라에서 그 존재를 널리 알릴 수 있도록 사액과 국가의 지원을 요청하였다. 사액은 왕이 서원의 현판과 서적을 하사하고 노비를 부여하여 국가적인 특전을 주는 것이었다. 그

요청이 받아들여져 백운동서원은 1550년 조선 최초의 사액서원이 되었고 소수서원이라는 편액을 받았다.

이후로 퇴계는 고향에 내려가 있으면서 고향 주변 10여 군데 서원 설립에 주도적으로 참여하여 서원 창설에 힘을 기울였다. 또한 퇴계뿐 아니고 다른 여러 역량 있는 선비들이 각 지역에서 서원을 창설하였다. 이때는 중앙의 훈구 대신과 지방 사림들이 정치적으로 대립하고 있던 때였는데 사림들은 중앙 정계 진출을 모색하는 동시에 향촌에서 서원을 건립함으로써 자신들의 위상을 굳혀 나갔다. 16세기 말에는 정권도 사림의 손에 넘어오게 되고 이후 17세기로 들어오면서 서원의 건립은 더 활기를 갖게 되고 전국으로 확산되었다. 예안의 도산서원은 퇴계를 배향한 영남의 대표적인 서원이었고 황해도 해주의 소현서원은 주자를 비롯해서 조광조와 퇴계 및 율곡을 배향한 또 하나의 대표 서원이었다. 이 서원 외에도 각 주, 부, 군, 현마다 서원이 곳곳에 세워졌다.

숙종이 재위하던 17세기 말에서 18세기 초는 서원 창설이 폭발적으로 일어난 때로, 3백 군데가 넘는 서원이 숙종 재위중에 설립되었다. 이 숙종 연간에 한 선비가 영남지방의 여러 서원을 방문하면서 적은 일기가 전한다. 일기에는 당시 향촌에 번성하고 있던 서원의 한 단면을 잘 보여준다.

우담 정시한은 퇴계의 학문을 계승한 17세기 대표적인 유학자이다. 평생 벼슬을 하지 않고 초야에서 학문에 전념하는 생애를 보냈다. 나이 63세가 되었을 때 전국의 경승지나 건물을 찾아 근 3년간 여행을 다녔는데 여행하면서 적은 「산중일기」라는 일기가 전한다. 그 가운데 1688년 봄부터 가을까지 영남지방의 서원을 방문한 내용이 있다.

우담이 방문한 서원을 여행한 순서에 따라 적으면 다음과 같다. 제일 먼저 하회마을을 들러 안동 병산서원을 찾았고 그 다음 풍산현 수동의 청성서원으로 갔다. 병산서원은 서애 유성룡을 모신 곳이고 청성서원은 같은 퇴계 제자인 권호문의 사묘이다. 이어서 도산서원으로 가서 여러 날 지냈다. 도산서원에 머무는 동안 인근 역동서원을 방문했으며, 도산서원을 나서서는 진보의 봉람서원, 영덕의 암곡서원, 경주 옥산서원을 차례로 방문하였다. 봉람서원은 퇴계를, 암곡서원은 회재 이언적과 퇴계를, 옥산서원은 회재를 봉향한 곳이다. 이어서 경주 서악서원과 영천 임고서원 및 의흥 빙계서원을 보고 다시 귀로에 도산서원에 들렀다가 봉화의 삼계서원을 찾았다. 삼계서원은 권벌을 봉향하였다. 서원 주변의 정자나 다른 선비들의 유적을 방문하는 것도 잊지 않았는데, 하회마을의 옥연서당과 겸암정사, 청성서원 곁의 석문정, 도산서원 인근 농암 이현보 유적인 애일당과 월천 조목의 월천서당을 방문했고 옥산서원에 가서는 독락당과 계정, 정혜사를 찾아보았다. 삼계서원에 가서는 청암정을 들렀다.

당시 우담의 여행 목적은 특별히 서원을 방문하는 것이 아니었고 단지 지나는 길에 서원이 있으면 방문하는 정도였다. 그런데도 고향인 원주에서 영천까지 다녀오는 사이에 모두 11군데 서원을 방문한 것이다. 이것은 17세기 말에 영남 지역에 얼마나 많은 서원들이 곳곳에 포진해 있었는지를 잘 말해 준다. 그 중에도 도산서원은 그 명성만큼이나 찾아오는 손님들도 많았고 또 그 곳에 와서 공부하는 유생들도 적지 않았다. 우담은 안동의 석문정을 들렀다가 그 날 저녁 늦게 도산서원에 도착했는데 이미 서원 재사에는 책을 읽기 위해 머물고 있는 유생들이 여럿이었다고 하며 유생들과 서재에서 함께 저녁을 먹었다고 한다. 서원은 곳곳이 깨끗이 정돈되고 정성껏 가꾸어져 있었으며, 사방의 학자들과 과객들이 들르기 때문에 음식을 차려 내는 데 한정이 없다고 적었다.

우담은 퇴계의 학통을 계승한 학자로 이미 그 이름이 영남 땅에 널리 알려져 있었다. 그가 서원에 들르면 원장들이 직접 나와 극진한 접대를 했다. 하회마을에 닿자 마을 종손이 80 노령에도 불구하고 손자를 데리

사진 53. 도산서원 진도문

고 마을에서 병산서원까지 안내했고 서원에서는 원장이 그를 맞아 식사 대접을 했다고 한다. 옥산서원에서도 회재의 후손되는 원장이 직접 독락당과 계정을 안내했다.

우담의 여행기에는 당시 서원이 갖고 있던 다양한 성격이 드러난다. 우담은 서원에 가면 반드시 사당에 나가서 분향을 위한 알묘를 했다. 사당은 서원에서 반드시 갖추고 있던 선현의 위패를 모신 구심점이었다. 알묘는 도착하고 바로 하지 않고 하룻밤을 지내고 새벽에 일어나 의관을 바로하고 지냈는데 그만큼 정성을 다한 것이다.

사진 54. 도산서원 강당

도산서원에 들렀을 때, 우담은 강당인 전교당에서 원장과 함께 아침 식사를 하고 오랫동안 환담을 나누었다고 한다. 본래 강당이라면 경전을 강의하고 학문을 토론하는 공부하는 장소이지만 중요한 손님이 찾아오면 이 곳에서 접대를 했던 것이다. 청성서원이나 빙계서원 같은 규모가 작은 서원에서는 강당의 온돌방에서 잠을 잤다. 강당에는 대개 온돌방을 갖추고 있었는데 이런 방을 이용했던 것으로 보인다. 이것도 우담에 대한 특별한 대접이었다. 대개 서원에 머무는 유생들이 잠을 자는 장소는 재사였다. 도산서원에서는 서재에서 잠을 잤다고 한다. 재사는 서원에 머무는 유생들이 일상적으로 잠을 자고 식사도 하는 곳이지만, 일시적으로 들르는 손님들에게 잠자리와 식사를 제공하는 장소로도 쓰였음을 알 수 있다.

도산서원에서는 특별히 퇴계 선생이 거처하던 도산서당에 들러 선생이 쓰던 유품이 정연히 보존되어 있는 것에 큰 감명을 받았다고 하였다. 도산서당에는 선반과 서가에 퇴계가 쓰던 지팡이와 혼천의, 연적과 책상 등이 예전 모습 그대로 정돈되어 있었다고 하였다. 다른 여러 서원에서도 선현의 글을 모아 두고 간혹 문집을 간행하기도 하였다. 서원은 선현의 유품 보존이나 서책 간행과 같은 문화적인 사업을 하는 주체이기도 한 것이다.

우담이 도산서원에 들렀을 때 서원 원장은 인근 역동서원에 회의차 가 있었다고 한다. 이런 회의는 서원과 서원간에 규약을 정하고 한 해의 큰 행사를 계획하는 등 빼놓을 수 없는 중요한 부분이었다. 서원은 향촌 사회의 질서를 유지하는 규율을 논하고 도덕 규범을 정하는 사회 공동체의 구심적 역할을 담당한 것이다.

아울러 서원 주변의 빼어난 경승은 서원을 찾는 선비들이나 인근 유생들에게 휴식하며 정신을 맑게 해 주는 장소를 제공하는 역할도 하였다. 병산서원에 갔을 때는 건너편 산을 바라보고 마치 철벽이 병풍을 친 듯 하다고 감탄하였으며, 옥산서원 주변 바위 사이로 폭포가 떨어지는 용추와 세심대, 그리고 계정의 아름다운 경치에 찬사를 아끼지 않았다. 또 도산서원의 천연대나 운영대, 청성서원 뒤 석문정에서 내려다본 경치, 임고서원 조용대 아래 펼쳐진 들판 모습, 역동서원 관수대 아래 경치도 빼놓지 않고 기록에 남겼다.

서원의 중요한 기능은 뛰어난 선현에 대한 제사와 함께 인근 유생들에게 학문을 가르치는 교육 기능이었다. 학생들은 일정한 기간 서원에 머물면서 경전을 공부하고 스승의 가르침을 받았다. 나라에서는 학생들의 정원을 큰 서원은 30명, 작은 서원은 20명 정도로 제한하고자 했으나 실제로 유명한 서원에는 7, 80명 넘는 학생들이 등록되어 있었다.

그러나 서원은 선비의 학덕을 추모하고 후학들의 학문 거점이 되는 동시에 인근의 선비들이 한곳에 모여 세상사를 논의하는 교류의 장소이기도 하였다. 경전을 보존하고 때로는 문집을 간행하기도 하고, 선현이 쓰던 각종 집기물을 소중히 보관하는 역할도 맡았다. 아울러 학맥을 같이

하는 선비들에게는 여행중 들러서 숙식을 해결하고 모르는 사람들이 서로 상면해서 유대를 돈독히 하는 장소로도 쓰였다. 서원은 제사와 강학을 기본 기능으로 하면서 한편으로 서적과 유물의 보관과 같은 역할 외에 사교의 장소를 마련하는 종합적인 문화 공간이었다. 아울러 향촌에 사회 윤리를 보급하고 향촌 질서를 잡아 가는 구심점이 되기도 하였다.

우담이 방문한 서원은 영남지방의 극히 일부에 불과하였다. 17세기 말에 서원은 영남은 물론 거의 전국에 걸쳐 없는 곳이 없을 정도로 널리 확산되어 있었다. 서원은 숙종 제위중에만도 166개가 지어지고 그 중 105개 소가 사액 서원이 되었다고 한다.

그러나 서원의 급격한 증가는 서원 본래의 기능을 변질시키는 점도 있었다. 초기의 서원은 선현에 제사지내는 의식보다는 학자들이 모여 학문을 토론하고 독서하는 교육 기능이 큰 비중을 차지하고 있었으나 숙종대 이후의 서원은 교육 기능보다는 선현에 대한 제향을 더 중시하는 경향을 보였다. 그 명칭도 서원이라 하지 않고 무슨 무슨 사(祠)라고 해서 단순히 사우로써의 역할에 그치는 경우도 많았다. 서원은 선비들간의 진지한 학문 교류보다는 특정한 학파에 속한 선현을 추모하고 그와 학맥을 같이하는 사람들이 결집하는 세력 거점으로 화한 것이다. 아울러 사액에 대한 요구도 많아져서 지나친 사액 서원의 증가가 여러 가지 폐단을 낳았다. 그 결과 18세기 중기 이후로는 나라에서도 서원을 함부로 짓는 것을 억제하는 조처를 취하게 되었고 서원의 창설은 크게 줄어들었다.

2. 서원 건축의 이상과 현실

초창기 서원이 자리잡는 과정에서 일정한 건축 형식을 갖추고자 하는 노력이 나타났다. 학문하는 장소와 선현에게 제향하는 공간이 갖는 바람직한 형태는 어떤 것이어야 하는가에 대한 물음이 제기되었고, 그 해답은 고대 경전에 대한 주자의 해석에서 찾았다. 그러나 실제로 서원이 지어지는 과정에서는 고대 경전 내용을 그대로 수용하기보다는 조선의 건축 현실에 맞춘 형태로 지어질 수밖에 없었고 그 결과 조선의 서원은 고유한 건축 형태를 갖추어 나가게 되었다.

서원에는 선현의 향사를 위한 사묘가 필수적이고 또 학문을 강론하는 강당이 있어야 하고 학생들을 수용하는 재사 외에 제사를 준비하는 전사청이나 서원을 지키고 관리하는 고직사, 서책을 보관하는 창고류 등의 여러 건물이 요구되었다. 이 가운데 서원의 건축 형식을 결정하는 가장 중요한 대상은 강당과 사묘였다.

1560년에 성주에 세운 영봉서원은 퇴계가 설립을 주도한 서원 중 하나이며 완성되었을 때 서원기를 직접 작성했는데 "폐 불사의 터를 잡아 말끔히 갈아 내고 이 가을에 새로 마름하여 이듬해 기미년에 공사를 마쳤다. 집은 대개 50여 간인데, 정당은 성정(誠正)이라 하고, 동재는 극복(克復), 서재는 경의(敬義)라 했다. 또 높고 밝은 누각이 있고 시와 노래를 즐길 단을 갖추고 모두를 이름하여 영봉서원이라 했다. 이어서 원의 동쪽에 사묘 몇 간을 세워 삼현을 봉안하는 사당으로 삼고 제사지내는 의식과 물품 진설하는 것을 정했다"고 하고 부엌과 창고, 문과 담장이 이미 갖추어지고 서책 천여 권을 들였으며 학규를 정했다고 하였다.

이 기사를 보면, 퇴계가 영봉서원에서 생각했던 서원은 학문을 하는 장소가 중심을 이루고 사묘는 서원과 별도로 서원 동쪽에 따로 잡았던 것으로 보인다. 즉 서원의 중심은 정당이라고 한 성정당 즉 강당이 되고 강당 앞에 동재와 서재 그리고 멀리 바라다볼 누각이나 시를 짓고 노래하는 단을 갖추어 이 전체가 소위 서원이 되는 것이며, 사묘는 이와는 별도로 서원의 동쪽에 따로 자리잡게 되는 것이다. 여기에 부수적으로 부엌이나 기타 책을 보관하는 창고 등이 갖추어졌다. 비슷한 사례로, 같은 시기에 경남 산청에 정여창을 향사하는 남계서원을 창건하는 과정을 보면, 이 경우에도 먼저 강당인 명성당을 세우고 동재와 서재를 지어 학문하는 장소를 갖춘 뒤에 그 동쪽에 사우를 세웠다고 한다.

본래 사당을 본 건물의 동쪽에 두는 것은 주자의 가례서에서 중요한 개념으로 제시했던 것이다. 주자는 각종 의례에 관한 절차나 내용을 정리한 가례를 저술했고 주자의 가례는 조선의 선비들 사이에 대단히 중요한 전적으로 받아들여졌는데 이 주자의 가례 중에 집에 사당을 세울 때 정침의 동쪽에 두어야 한다는 대목이 들어 있는 것이다. 위의 영봉서원이나 남계서원의 창건시에 사묘를 서원의 동쪽에 따로 두고자 한 것도 결국은 주자의 가례 내용을 염두에 두고 이를 그대로 실천하고자 한 결과로 짐작된다.

현존하는 서원에서 실제로 사묘를 서원의 동쪽에 두는 사례는 거의 보이지 않고 강당에 비해서 약간 동쪽에 치우치는 정도에 그친 경우를 일부 확인할 수 있다. 즉 도산서원이나 퇴계의 수제자였던 유성룡을 모신 병산서원의 경우에 사당이 강당의 북쪽에 있으면서 중심 축에서 약간 동쪽으로 치우친 곳에 있는 것을 발견하게 된다.

그러나 나머지 대부분 서원의 경우 그 건물 배치는 강당과 사당이 앞뒤에 나란히 배열되어 있다. 즉 서원 정문을 들어서서 가운데 마당을 중심으로 동쪽과 서쪽에 각각 동재, 서재가 놓이고 마당 뒤편에 강당이 자리잡고 강당의 바로 뒤편으로 따로 울타리를 치고 강당과 일직선이 되는 위치에 사당이 놓이는 것이 하나의 정형으로 자리잡고 있다. 경주의 옥산서원이나 장성 필암서원 등 16세기 말에 세워진 서원들이 그런 대표적인 예이며 유사한 사례는 17세기 이후에 더 보편화되었던 것으로 보인다.

강당과 사당이 남북으로 일직선상에 놓이는 것은 이미 향교와 같은 건물에서 보편화되어 있었다. 또 궁궐이나 다른 일반적인 건물 배치에서도 대개는 중심되는 건물을 전후에 일직선상에 두는 것을 기본으로 삼았다. 이것은 여러 건물들이 모여 하나의 건축군을 이룰 때 중심축을 분명히 설정해서 하나의 질서를 이루도록 한 결과였다고 할 수 있다. 서원의 경우, 초기 도산서원을 세울 때, 주자의 가례서 내용을 수용해서 가급적 사묘를 서원의 동편에 두고자 했지만 실제 건물을 배치하는 과정에서는 다만 강당의 북쪽에 두고 위치를 조금 동쪽으로 치우치는 정도에 그친 것으로 만족했으며 그나마 다른 서원의 경우는 가례서의 개념보다는 그 이전부터 널리 지어오던 남북 직선 축을 살린 배치를 더 수용하게 되었던 것이 아닌가 생각된다.

가묘의 위치 문제보다 더 근원적인 건축 제도에 대한 탐구는 17세기에 들어오면서 나타났다. 성리학의 제반 문제에 대한 탐구에 몰두해 온 사림들은 17세기에 접어들면서 더 본질적인 예학의 문제에 깊이 몰두하게 되었다. 예를 실천하는 데 따른 구체적인 절차나 의미를 추구한 학자들은 제사지내는 건물의 형식 문제에도 큰 관심을 나타냈다.

그 대표적인 학자는 율곡의 학문을 계승한 사계 김장생이었다. 김장생은 『주례』와 같은 고대 경전에서 규정해 놓은 이상적인 사묘 건물의 제도를 탐구하였다. 구체적으로는 주자가 재해석한 사묘의 형식을 밝히는 것이었다. 고대 경전에 의하면 제사지내는 사묘 건물은 침(寢)과 묘(廟)로 나뉘어져서 침을 뒤에 두고 묘를 침 앞에 세우도록 규정하고 있으며 침에는 봉향 대상이 되는 인물과 관련된 물건들을 모셔 두고 묘에서는 제사 의식을 행하도록 하고 있다. 이 때 제사 의식을 행하는 묘 건물은 특별한 형식을 갖추어야 한다고 명시하였다. 주자는 이러한 경전을 다시 해석해서 예를 행하는 건물 즉 묘 건물의 이상적인 제도를 피력하였는데 그 기본 형태는 가운데 당을 두고 당 뒤에 동쪽에 방, 서쪽에 실을 두고 그 좌우에 각각 동협실과 서협실을 두는 것이었다. 김장생은 이러한 주자의 해석을 바탕에 두고 조선의 묘 건물도 동일한 동방서실

사진 55. 논산 돈암서원 응도당

의 평면을 갖추고 건물은 5량의 구조로 하고 지붕은 맞배지붕에 지붕 양 끝에 영이라고 부르는 덧지붕을 달아 내는 것을 하나의 이상적인 형태로 추정하였다.

물론 이것은 하나의 이상적인 제사지내는 건물 안이었다. 그러나 김장생이 죽은 뒤에 그 제자인 우암 송시열은 스승의 생각을 구체적으로 실천하고자 하여 김장생을 봉안한 돈암서원을 지으면서 강당을 묘 건물의 형식에 맞추어 지어냈다. 현재 돈암서원의 이 건물은 응도당이란 이름으로 건물 뼈대가 남아 있다. 내부는 상당히 변형되어 있지만 평면의 기본 구성이나 지붕 형태는 김장생이 이상적인 행례 건물 형태로 생각한 그대로 지어졌던 것으로 보인다. 즉 5간 건물에 구조는 5량으로 하고 지붕은 맞배지붕에, 양끝에 영이라는 덧지붕이 달리고 내부 평면은 가운데 당을 두고 좌우 협실이 있으며 당 뒤에는 동방서실을 갖추었던 것이다. 조선시대 서원은 고종 때 대부분 훼철되고 또 남아 있는 것도 상당수가 변형되었기 때문에 지금 이와 유사한 다른 강당 건물은 알려져

사진 56. 논산 노강서원 강당 지붕 측면

있지 않지만 적어도 17세기에 송시열이 영향력을 행사하던 충청도 일대에는 이와 유사한 형태의 강당 건물이 적지 않게 지어졌다고 생각된다. 또한 응도당의 건축 형태는 17세기에 조선 선비의 일부에서 얼마나 철저히 고대 중국의 예학에 충실하려고 했었는지도 알려 준다.

다만 김장생이 생각했던 예학에 충실한 건축 형태는 널리 확대되지 못했다. 그것은 그 평면이 갖고 있는 기능상의 불편함이나 다른 학자들의 주자 경전에 대한 확고한 이해 부족 때문이었다고 생각된다. 대부분의 다른 서원에서 강당은 학문을 강론하고 또 유생들이 모여 예를 행하는 데 적합한 보다 현실적인 형태로 자리잡아 갔다. 즉 그 형태는 가운데 3간의 대청마루를 두고 좌우에 온돌방을 놓아 예를 행할 때는 대청에서 절차에 따라 예를 행하고 온돌방에는 평상시 선생이나 다른 어른들이 거처하는 장소로 쓰였다.

결국 서원의 제도와 형식은 고대 경전을 이상적인 것으로 추구하면서도 실제 건축 형태나 평면의 구성에서는 조선의 현실 여건에 맞는 모습으로 다듬어져 갔던 것이다.

3. 서원 건축의 규범

다른 건축물도 그렇지만 특히 서원은 거의 지어질 당시의 본래 모습을 남기고 있지 못하다. 한때 1천 군데 가깝게 번성했던 서원은 19세기 고종 때 서원 철폐령에 의해 철저히 훼손되었고 그 후에는 다시 활발한 복구 작업이 진행되었지만 이미 서원 본래 모습을 되찾지 못하고 변질된 모습으로 지어졌다. 고종 때 철폐를 면한 서원은 전국 47군데였다. 그러나 이들 서원들도 20세기를 지나오면서 상당 부분 본래 모습에서 달라졌다. 어떤 서원은 유지 관리할 수 있는 여건이 마련되지 못하여 전각들이 소멸되었고 어떤 서원은 지나치게 서원의 위상을 높이려는 정비사업 때문에 본래 건축 형태를 훼손당하기도 하였다.

그런 한계 속에서 지금 남아 있는 서원들을 통해서 불충분하나마 서원 건축의 특징을 요약한다면 전체 건축 형태의 엄정한 규범성과 공간 구성의 긴장감으로 정의할 수 있다.

현존하는 많은 서원들의 건물 배치에서는 명확한 직선 축과 좌우 대칭의 구성을 발견할 수 있다. 정문에서 강당, 사묘가 일직선상에 놓여 뚜렷한 중심 축을 구성하고 강당 앞의 동재와 서재가 거의 대칭으로 놓이고 각 개별 건물 역시 엄격한 좌우 대칭을 기본 조형으로 삼고 있다. 물론 도산서원이나 병산서원처럼 사묘가 이 중심 축에서 동쪽에 이동해서 놓이는 사례가 간혹 발견되지만, 이런 서원에서도 기본적으로는 전체 건물 구성이 중심 축을 염두에 두고 하나의 뚜렷한 질서를 이루고 있는 점에서는 마찬가지 배치 개념을 담고 있다고 하겠다.

좌우 대칭 역시 서원의 중요한 조형 개념이다. 학생들의 숙소로 쓰이는 동재와 서재는 평면이나 건물 형태가 거의 동일하고, 서로 마주보는 위치에 두어 대칭되도록 꾸미고 있다. 보통 동재를 서재보다 한 단계 위상을 높여 양반 자제와 상민 자제가 서원에 머물 때 동재를 양반 자제에게 내준다던가 같은 신분일 때는 연장인 학생들이 동재에 든다는 차이가 있지만 실제 건물의 형태에서는 차이를 두지 않았다. 각 단위 건물들도 기본적으로는 대칭이다. 사묘는 3간의 네모 반듯한 단순한 형태이고 강당 역시 5간의 좌우 동일한 형태를 취하는 것이 보통이다.

개별 건물들은 거의 치장을 하지 않고 형태도 가급적 단순화시킨다. 선비들의 건축에 공통적으로 보이는 절제와 소박함이 그대로 재현된 것이다. 사묘는 네모 반듯한 울타리 안에 3간의 소박한 맞배지붕으로 꾸미고 단청도 극도로 색깔을 억제한다. 이 곳은 선현의 위패를 모신 곳이므로 정숙하고 간소한 조형이 요구되는 곳이다. 옥산서원의 사묘인 체인묘는 경사진 서원 경내 가장 높은 곳에 담장에 가려져 자리잡고 있다. 모로단청이라고 부르는 비교적 소박한 색조와 문양을 가미한 단청으로 채색하고 문은 두터운 판자로 막아서 이 곳이 신주를 모신 곳임을 상징하고 있다. 다른 대부분 서원의 사묘 역시 이와 유사한 정적이 감도는 단정하고 정숙한 외관이다.

강당은 서원에서 가장 활기 있으면서 동시에 위엄과 격식이 지켜지는 부분이다. 대개 높은 기단 위에 네모 반듯한 5간 건물에 지붕도 사묘와 달리 훤출한 느낌의 팔작지붕을 올린다. 가운데 3간 대청은 넓게 개방해 놓고 좌우에 온돌방을 두는데, 온돌방 앞은 툇마루로 남겨 놓아 대청마루와 공간적으로 연결되도록 한다. 강당 건물은 대청의 개방감과 높

사진 57. 경주 옥산서원 강당 앞마당

은 기단과 팔작지붕으로 상징되는 격식있는 외관을 특징으로 한다. 이런 건물에서 엄격한 절차와 몸가짐을 바탕으로 스승과 학생이 서로 예를 행하고 학문을 강론한다.

강당 중에는 간혹 5간 좌우 대칭의 정형을 벗어난 모습을 보이는 경우도 있다. 도산서원 전교당은 정면 4간이고 동쪽으로 6간 대청이 놓이고 서쪽에 온돌방 2간이 있는 비대칭 건물이다. 왜 이런 예외적인 평면을 이루었는지 이론이 분분하지만 명확한 대답은 아직 없다. 아직 강당의 건축 형식이 정형화되지 않은 단계에서 동쪽 뒤편의 사묘를 의식해서 그 쪽에 방을 두는 것을 꺼린 결과가 아닌가 하는 해석도 있다. 남계서원의 강당 역시 정면 4간이다. 도산서원과 달리 여기서는 가운데 대청을 정면 2간으로 축소하고 좌우에 온돌방을 두어 대칭을 이루고 있다. 남계서원도 초창기 서원의 하나인데 역시 강당의 전형이 마련되기 전의 여러 가능성을 모색하는 과정적인 모습처럼 보인다.

도동서원의 강당 중정당은 기단이 재미있다. 사람 키를 훨씬 넘는 높은 기단인데 그 표면이 여러 가지 색깔의 돌을 모자이크 무늬를 이루듯이 형태를 달리해서 변화를 주었다. 또 기단 위쪽에는 용머리를 조각한 장식물이 여럿 돌출되어 있고 계단 옆에도 짐승 조각이 새겨져 있다. 이런 장식은 서원에서는 거의 찾아보기 어려운 것이어서 그 유래가 궁금한데 아직 확실한 것은 알려져 있지 않다. 다만 이 서원 터가 본래 절이었다는 점에서 어떤 연관성이 있지 않은지 추측될 따름이다.

학생들이 일상적으로 기거하는 재사는 격식을 낮추고 소박한 구조로 집을 꾸민다. 가운데 마루를 한 간 두어 출입하는 통로로 이용하거나 여름 더위를 피하는 장소로 삼고 이 마루를 통해서 좌우 온돌방으로 연결되도록 한다. 동재와 서재 두 건물은 가운데 마당을 두고 서로 마주보고 있고 이 마당 북쪽에는 높은 기단 위에 강당이 자리잡고 있다. 항상 스승의 존재가 북쪽 높은 기단 위에 어른거리는 공간 구성을 하고 있는 셈이다. 따라서 재사 앞마당은 팽팽한 긴장감이 넘치게 마련이다.

중심축을 살리고 좌우 대칭을 이루며 아울러 엄격한 위계질서를 통해서 얻어지는 결과는 바로 팽팽한 긴장감이다. 이 긴장감이야말로 서원 건축의 가장 중요한 핵심이다. 이런 긴장감을 만들어 내는 바탕은 서원을 이루는 각 구성 건물들이 갖는 엄정한 규범에 있다. 사묘는 절제되고 정숙한 형태를 이루고 강당은 대칭 구성 속에 높은 격식을 갖추며 재사는 소박하고 간소한 외관을 이루어 전체 건물간에 뚜렷한 위계질서를 조성한다. 그리고 각 구성 건물들은 중심축을 살리고 좌우 대칭을 이루는 명확한 규범 아래 통제되는 것이다.

서원의 규범은 건물 구성에서 그치지 않는다. 서원을 세울 때 건물이 완성되고 나면 각 건물에 이름짓는 일이 따른다. 여기 지어지는 각각의 건물 이름이야말로 멀리 고대 경전에서 시작해서 주자에 이르는 선대 전적의 규범을 그대로 계승하는 최종 작업이 된다.

남계서원 강당은 "밝으면 성실하다"는 뜻으로 『중용』(中庸)에 나오는 문구를 취해 명성(明性)이라 했고, 오른쪽 협실을 경에 거해서 이를 구한다는 정자(程子)의 문구에서 거경(居敬)이라 하고, 왼쪽 협실은 의를 모아 산다는 집의(集義)로 취했다. 동재와 서재 명칭인 양정(養正), 보인(輔仁) 역시 『주역』과 『논어』의 문구이다. 서원 출입문은 도를 따른다는 준도(遵道)이다. 퇴계는 영봉서원을 창건하면서 강당 이름을 성정(誠正), 동재는 극복(克復), 서재는 경의(敬義)라고 지었다. 극복은 『논어』에 나오는 "자기를 누르고 예로 돌아감이 인이다"는 구절에서 취했고 성정이나 경의 역시 앞의 남계서원에서와 마찬가지로 역대 경전의 문구들에 나오는 글자들이다.

이 밖에도 거의 대부분 서원의 강당이나 동서재 건물 명칭이 중국의 유교 경전을 바탕에 두었다. 이것은 단지 건물의 형태뿐이 아니고 바로 그 집이 갖는 의미 자체가 유교 경전의 규범을 실천하는 데 있음을 상징하는 것이라고 하겠다.

4. 규범 속의 건축적 감동

서원의 건축 구성은 엄정한 규범 아래 통제되어 있다. 건물의 배치나 형태는 물론 집의 이름까지도 고대 경전에서 유래된 하나의 전범 속에서 정해지는 것이 서원이다. 그러나 규범만으로 건축이 사람들을 감동시키지는 않는다. 지금 남아 있는 많은 서원들이 여전히 방문하는 사람들에게 건축적 감동을 불러일으키는 데에는 이러한 규범 속에서 창출되고 있는 또 다른 세계가 있기 때문이다. 그것은 서원이 자리잡고 있는 자연의 힘이라고 생각된다. 또한 서원 내부에서 팽팽한 긴장감에 하나의 이완을 제공해 주는 누각과 같은 휴식 공간이 주는 건축적 효과 때문이라고 말할 수 있다.

서원이 세워지는 위치는 대개 특별한 의미를 지닌 곳이다. 봉향하는 인물이 평소 수양을 쌓기 위해 서당이나 정사를 지어 놓고 머물던 곳을 바탕으로 해서 서원을 짓거나 관련되는 인물들이 사는 마을 주변의 경승지를 찾아 세우기도 하고 간혹 오랜 절터를 찾아 그 자리에 서원을 짓기도 한다.

도산서원은 퇴계가 말년에 학문에 몰두하고 제자들을 가르치던 도산서당을 바탕으로 그 뒤에 강당과 사당을 세워 이루어졌다. 퇴계 스스로 알맞은 서당 터를 찾기 위해 수년간을 장소를 옮기다가 마침내 이 자리를 얻자 '말년의 가장 큰 기쁨'이라고 술회한 곳이다. 서당 주변은 낙동강 상류의 맑은 물이 흐르고 주변은 천연대, 운영대, 탁영담 등이 있어 경승을 즐기고 깊고 푸른 물이 큰 웅덩이를 이루는 아름다운 곳이었다. 옥산서원은 회재 이언적이 넓고 큰 바위가 겹겹이 층을 이룬 계곡 사이에 독락당을 세우고 계정을 지었던 곳 가까이에 자리잡았다. 병산서원이 있는 곳은 낙동강 물이 휘돌아 가는 곳에 건너편 바위 절벽이 철벽을 이룬 절승이었다. 이 곳은 유성룡이 말년을 보낸 곳이고 고개 하나를 넘으면 유성룡의 유택이 있는 하회마을이다.

최초의 사액 서원인 소수서원이 들어선 곳은 본래 숙수사라는 절이 있던 곳이라고 한다. 지금도 서원 들어가는 입구에 사찰의 당간지주가 남아 있다. 퇴계가 설립을 주도했던 영봉서원 역시 본래 절이 있던 자리를 다듬어 서원을 세웠다. 비슷한 경우는 전국 여러 곳에 산재한 것으로 알려져 있다.

영남의 여러 서원을 방문한 정시한은 소나무 숲 사이로 맑은 냇물이 흐르고 푸른 숲이 벽을 이룬 서원 주변의 경치를 잊지 않고 일기에 적었다. 역동서원에서는 배산임수의 적절한 위치라고 평하고 관수대에 올라 10리에 뻗친 긴 강물을 바라보며 경치에 취하였다.

이처럼 서원이 위치한 곳은 대개 각 지역의 아름다운 경승을 자랑하는 곳이다. 이미 서원이 들어서기 전에 작은 서당이나 정사가 빼어난 경관을 찾아 지어졌기 때문이고, 마을에서 가장 좋은 경승지를 찾아 서원을 지은 까닭이다. 간혹 사찰 터에 서원을 세운 것은 인근에서 가장 빼어난 자리가 사찰 터였기 때문에 불가피하게 선택한 것일 수 있다.

이러한 지리의 이점을 최대한 살려 건립하는 것이 서원이었다. 자연이 갖는 빼어난 경관 속에 하나의 엄정한 규범을 갖고 지어진 서원은 바로 규범 속에서 감동적인 건축 공간을 만들어 낼 수 있는 조건을 충족하고 있었던 것이다.

조선시대에는 서원의 개념을 말할 때도 정사나 정자와 마찬가지로 장수(藏修)와 유식(遊息)이라는 두 단어로 표현한다. 장수는 마음을 집중해서 학문에 힘쓴다는 뜻이고 유식은 즐기며 편안히 쉰다는 말이다. 서원은 선현을 기리면서 학문에 몰두하는 곳이다. 장수하는 곳인 것이다. 그러나 사람은 오로지 긴장하며 학문에만 몰두해 있을 수는 없다. 팽팽해진 긴장은 적당한 휴식과 심신의 편안함을 통해 이완을 얻음으로써 다시 긴장으로 돌아갈 수 있다. 따라서 장수와 유식 두 가지는 서원에서 갖추어야 하는 양면적인 것들이 된다.

사묘나 강당은 장수 공간이다. 이곳에서는 엄격한 질서와 숨막히는 긴장감이 요구된다. 그것이 한계에 이르렀을 때 유식을 찾게 된다. 유식은 서원 주변을 감싸는 아름다운 자연에서 일차적으로 얻어진다. 그러나 더 적극적으로는 서원 안에서 건축적인 해결책을 마련한다. 그것이 누각으로 나타나기도 하고 연못으로 충당되기도 하고 아름다운 화초와 수목에서 채워지기도 한다.

남계서원의 동, 서재 앞에는 각각 온돌방 앞으로 1간의 누각이 돌출되어 있고 누각 앞에는 연못과 꽃나무들이 조성되어 있다. 이 누각의 명칭이 하나는 연을 사랑한다는 애련이고 다른 하나는 매화를 맞이한다는 영매라는 이름이다.

도산서원 진도문 좌우에는 동광명실과 서광명실이라는 같은 형태의

사진 58. 산청 남계서원 전경

사진 59. 경주 서악서원 누각

2층 누각 건물이 좌우에 대칭으로 서 있다. 진도문을 들어서 동재와 서재에서 누각으로 오를 수 있도록 되어 있다. 2층 누각에 올라 문을 열어 젖히면 소나무 울창한 숲 사이로 멀리 낙동강 큰 강물이 눈에 들어온다. 이 누각은 서원 창건시에는 없었던 것인데 1819년에 세워졌다.

이런 누각은 다른 서원에서는 더 적극적인 방법으로 강당 앞마당 바로 앞에 설치되기도 한다. 때로는 아래층은 출입구 구실을 하고 2층은 올라가 주변 경치를 구경하고 심신을 상쾌히 가다듬는 소위 유식(遊息)의 장소로 삼는다.

지금 남아 있는 이런 유식의 장소로서 누각의 대표적인 것을 꼽는다면 주저 없이 병산서원의 만대루를 들 수 있다. 만대루는 병산서원 정면에 강당과 마주 대하여 정면 7간의 당당한 외관을 자랑하는 누각 건물이다. 아래층 우람한 기둥의 도열도 일품이지만 누각 위에 올라가 눈앞에 펼쳐지는 은빛 모래와 낙동강 푸른 물, 그리고 그 뒤에 병풍처럼 펼쳐지는 철벽 같은 산 그림자는 과연 장관 중에 장관이다. 이 위치에 자연과 하나가 되는 사방이 열린 누각 건물을 지을 수 있는 집주인의 뛰어난 안목과, 장대한 누각을 이런 자리에 세울 수 있는 장인의 기량에는 탄성이 저절로 나온다.

서원 주변의 각종 단이나 대 역시 유식의 또 다른 표현이다. 서원 뒷산 사방이 내려다보이고 조금 평탄한 자리가 있으면 알맞은 이름을 붙여 단이나 대를 만들고 거기서 주변 경승에 대한 시를 짓는 것이 선비들의 생활이었다. 정시한이 들른 영남의 몇 군데 서원에도 주변에 관수대, 세심대, 탁영담, 조용대라는 이름이 보인다.

이런 누각이나 대 등은 강당이나 동, 서재 주변의 절제되고 긴장감으로 팽팽해진 서원의 공간에 여유와 이완감을 제공해 주는 요소들이다. 서원 건축의 본질은 바로 이러한 절제된 형식미와 여유있는 이완감이 조화를 이루면서 건물 전체를 한 차원 높은 단계로 끌어올리는 데 있다.

사진 60. 안동 병산서원 만대루

5. 현존하는 대표적인 서원들

서원은 지금도 적지 않은 건물이 남아 있다. 고종 때 서원철폐령이 내려지면서 철거하지 않고 남긴 서원은 전국에 47군데였다. 이 서원들은 물론 대부분이 지금까지 남아 있지만 철거당했던 서원들도 상당수가 그 후 얼마 지나지 않아 다시 재건되기 시작했고 1980년대 이후에 그 추세는 가속화되는 경향이다. 그러나 아무래도 서원 본래의 경역을 간직하고 중심되는 건물을 그대로 간직하고 있는 서원은 이들 철거되지 않았던 47개 서원 가운데 일부에 한정된다. 그 가운데 보존이 양호한 서원의 모습을 살펴보기로 한다.

경기도에서는 모두 12곳의 서원이 철거를 면했지만 남한에 남은 서원으로 본래의 모습을 간직한 곳은 용인 심곡서원, 여주 강한사, 양성 덕봉서원 정도를 꼽을 수 있다. 나머지는 상당수가 한국전쟁시 파괴되거나 도시화에 밀려 이건되는 등 변형되었다. 조광조를 제향하고 있는 심곡서원은 건너편 마주보이는 언덕에 조광조 부자의 묘소가 있는 유서 깊은 곳으로, 소박한 규모지만 강당, 장판각 등이 격식을 잘 갖추고 있다. 강한사는 우암 송시열을 제향하고 있는데 우암의 본거지였던 화양동의 화양서원을 철거하는 대신에 그의 사당격인 이 서원을 남겨 둔 것이다. 사당 건물의 격식이 뛰어나다.

충청도에서는 다섯 곳의 서원 가운데 논산 돈암서원, 노성의 노강서원이 비교적 양호하다. 특히 두 서원의 강당은 묘침제를 반영한 독특한 측면 지붕이 남아 있어 주목되며 돈암서원 응도당은 평면에서도 그러한

사진 61. 용인 심곡서원 정문

흔적을 보여 준다.

전라도는 철거를 면한 서원이 불과 세 곳에 지나지 않는다. 그 중 태인의 무성서원과 장성의 필암서원이 경내 윤곽을 잘 지키고 있다. 두 곳 모두 평탄한 지형에 맞추어 강당과 사당을 앞뒤에 질서있게 배열하고 건물들이 서원의 격식에 잘 맞추어 있다.

경상도는 철거를 면한 서원이 14곳으로 가장 많은 곳이며 또 그 보존 상태도 우수하다. 경주 서악서원과 옥산서원, 순흥 소수서원, 현풍 도동서원, 함양 남계서원, 예안 도산서원, 상주 옥동서원, 안동 병산서원, 고성 충렬사, 진주 창렬사 등이 손꼽힌다. 그 대부분이 서원의 본래 경역을 잘 유지하고 있을 뿐 아니라 격식을 갖춘 질서있는 건축 구성을 보여 준다.

서악서원이나 옥산서원은 문과 강당 사당이 일직선상에 배치되고 강당 앞으로 좌우 대칭으로 재사가 놓이는 질서있는 모습을 잘 간직하고 있다. 특히 옥산서원은 서원 앞에 빼어난 자연 경관을 자랑하는 곳으로 맑은 계곡물이 큰 바위 사이를 힘차게 흘러내린다. 서원 한쪽의 고직사가 제법 큰 규모를 이루고 있고 장판각이 높은 대지 위에 우뚝 세워져 있다. 소수서원은 조선 최초의 사액 서원이라는 명성에 걸맞은 아름다운 풍치와 서원의 격식을 갖추고 있다. 그러나 이 서원은 건물 배치가 산만하다. 강당과 사당이 서로 아무 관련 없이 독립된 위치를 차지하고 있다. 이런 점에서 오히려 이 서원이 아직 배치의 정형이 이루어지기 전의 초기 모습을 반영한다는 견해도 있다. 도동서원은 그 입지가 빼어나다. 낙동강을 굽어 볼 수 있는 높은 경사지를 택해서 경내가 이루어지고 앞에는 경관을 즐길 수 있는 누각이 한껏 모습을 뽐낸다. 남계서원은 소수서원에 이어 두 번째로 설립된 서원이지만 17세기에 지금 위치로 이전되었다. 사당을 특별히 높은 대지 위에 세워 놓아 가파른 계단을 따라 올라가도록 만들었는데 그 덕분에 강당 주변과는 격리된 엄숙한 분위기를 잘 만들고 있다. 도산서원은 경상도의 으뜸가는 서원답게 경내가 잘 정돈되어 있다. 이 곳은 퇴계가 생전에 거처하던 도산서당이나 농운정사 등이 앞쪽에 그대로 남아 있고 그 뒤에 강당과 사당 등을 조성해서 제향하는 인물의 생전 건물을 그대로 두고 서원을 조성한 특별한 곳이다. 다른 서원에서도 이런 사례가 많이 있었겠지만 대부분 철거되어 그 모습을 찾아볼 수 없기 때문에 더욱 소중한 곳이다. 상주 옥동서원은 출입문의 구조가 독특하다. 2층 5간의 누각 좌우에 온돌방을 두었기 때문에 아래층 출입문을 3간만 열고 좌우를 담으로 가로막은 모습이 눈길을 끈다. 상황에 맞추어 집의 구조를 적절히 꾸민 목수의 안목을 발견할 수 있는 곳이다.

강원도에서는 3곳 가운데 영월 창절서원이 비교적 잘 남아 있는 편이다. 이 서원은 단종과 관련해서 충절을 지킨 인물들을 봉안할 목적으로 지었다가 뒤에 서원이 된 건물이다. 사당에는 사육신을 비롯해서 생육신의 일부와 기타 공로가 큰 인물의 신위 15위를 봉안하였다. 그 때문에

사진 62. 상주 옥동서원 누문

사당은 예외적으로 5간의 큰 규모로 지어졌다.

이 밖에도 황해도나 평안도, 함경도에도 뛰어난 건축 구성을 한 서원들이 적지 않았을 것이지만 여기서는 소개를 생략한다.

7

불교 사찰의 건축 공간과 형태

1. 도성 내의 불탑

조선 초기 도성 한양의 한복판에는 두 개의 큰 절이 자리잡고 있었고 여기에는 높은 탑이 세워져 있었다. 두 탑은 도성 내 멀리서도 바라다 보이는 것이었다. 하나는 성 안 서쪽에 있던 흥천사의 5층 사리탑이고 또 하나는 도성 한복판에 있던 원각사의 10층탑이었다. 흥천사 사리탑은 구조가 독특한 것이었고 원각사 10층 석탑 역시 일반적인 석탑과 다른 특수한 형태의 탑이었다.

흥천사는 태조 이성계의 부인인 신덕왕후가 죽은 후 그 무덤으로 정릉을 짓고 정릉의 원찰로 건립된 사찰이었다. 신덕왕후는 태조의 두 번째 부인으로, 조선 왕조의 건국에 크게 기여했다. 그러나 왕비가 되고 5년 후에 병으로 세상을 떴다. 태조는 부인의 죽음을 크게 슬퍼하여 그 무덤을 도성 안 궁궐 가까이 지금 덕수궁 뒤편 정동 일대에 크게 쓰고 정릉이라고 이름지었다. 아울러 무덤 곁에 흥천사를 지어 무덤을 수호하는 원당으로 삼았다. 태조 6년에 절이 완성되자 성대한 법회를 열고 이듬해에는 다시 절 북쪽에 사리탑을 조성하도록 했다.

완성된 절은 불전, 승료, 문랑, 부엌, 창고가 모두 170여 간이고 구조

사진 63. 서울 원각사 10층탑 전경(1890년대)

가 굉장하고 단청 채식이 영롱하였다고 하였다. 특히 사리탑의 형태나 구조가 독특하였는데, 세종 때 기록에는 "위에는 부도를 세우고 인하여 8면 4층의 전당을 지었는데 까마득히 높아서 동국 고래에 일찍이 없었던 것이다"고 적었다. 태종이 즉위한 이후 정릉은 도성 밖으로 옮겨졌지만 홍천사에 대한 국가적인 비호와 대규모 법회는 계속되었다.

조선 초기 도성 내에는 또 한 군데 큰 절이 있었다. 지금 파고다 공원 자리에 있던 원각사이다. 본래 이 자리에는 태조 때 건립된 홍덕사가 있었는데 폐사된 후 세조 10년(1464)에 대대적인 중창을 거쳐 원각사로 건립되었다. 건립 동기는 효령대군이 회암사에서 법회를 열었을 때, 여래가 현상하고 사리가 분신되는 신비로운 일이 나타난 것을 기념하여 절을 중창하게 된 것이다. 창건에는 왕실 여러 대군과 영의정 등이 공사의 책임을 맡았으며, 절터에 있던 민가 2백여 채의 철거는 물론 관청인 경시서까지 다른 곳으로 옮기는 대공사였다. 절에는 10층의 석탑을 세웠는데 이 탑은 경기도 개풍군에 있던 경천사탑을 모방해서 조성된 것으로 알려져 있다.

두 절에서는 때를 따라 수많은 법회가 열렸다. 홍천사에서는 나라의 안녕이나 왕실 가족의 명복을 비는 대규모 법회는 물론, 비가 안 올 때는 왕이 직접 참가하는 기우제를 지냈고 승려에게 음식을 내리는 반승 행사도 자주 있었다. 중국의 사신 중에는 도성에 오면 홍천사에 들러, 법당에 예불하고 사리탑에 절하고 가는 사람들도 적지 않았다. 원각사에서도 각종 왕실 법회가 열리고 국가적인 기우제가 거행되었다. 10층 석탑이 완성되었을 때는 나라에서 성대한 연등회를 베풀었으며 세조와 예종의 백일제를 절에서 지냈다. 이 절 역시 홍천사와 마찬가지로 나라에서 특별히 그 관리에 관심을 기울인 절이었다. 이런 큰 행사가 있을 때 도성의 일반 백성들도 행사를 참관하거나 거리를 메운 장대한 행렬을 구경하였을 것으로 생각된다.

조선시대에 들어오면서 불교는 정책적으로 탄압의 대상이 되었다. 태종은 전국 242개 사찰 이외의 절 토지와 노비를 몰수하는 조처를 취하였고 종파를 기존 11종에서 7종으로 줄였다. 뒤를 이은 세종은 종단을 선종과 교종 양종으로 줄이고 승려의 도성 출입을 제한했으며 전국 사찰 중 36개 소만을 나라에서 인정하도록 하였다. 성종대에 가서는 사대부 부녀자의 출가가 금지되고 승려에게 나라에서 신분을 인정하는 도첩제를 실시해서 승려 증가를 막는 조처를 취했다.

이처럼 불교는 정치적인 억압의 대상이 되었고 실제로 불교세력을 억제하는 구체적인 조처가 취해졌다. 그러나 일반 백성의 불교에 대한 신앙심이나 특히 왕을 비롯한 왕실 가족의 호불 경향은 바뀌지 않았다. 왕들은 신하들의 반대에도 불구하고 도성은 물론 지방의 유명 사찰에 대한 지원과 건물 신축에 적극적이었다.

세종은 해인사가 훼손되었는데도 방치한 수령을 문책하고 절의 수리를 명했다. 해인사는 태조가 지은 곳이므로 수리하지 않을 수 없다는 것이 이유였다. 또한 신륵사는 왕실의 그림을 봉안한 곳이므로 수리하여야 한다는 명령을 내렸다. 석왕사 역시 태조가 창건한 곳임을 강조하여 인근 관청에서 수리하도록 명하였다. 문종 때는 안평대군이 모후의 명복을 빌기 위해 절을 새로 짓기를 청하여 대자사가 이루어지고 금 글씨로 경전을 베껴 절에 모셔 두었다. 이 밖에도 세조는 금강산 유점사와 양양 낙산사를 중수하도록 지방 관청에 명하였다. 신륵사는 세종의 무덤인 영릉을 여주에 옮기면서 신륵사를 소위 보은사라고 해서 중창하도록 했다. 예종은 세조의 무덤인 광릉의 원찰로 봉선사를 창건하였는데 왕대비 정희왕후의 명으로 나라에서 공사를 전담하였다. 또 성종 때는 역시 정희왕후의 의지로 해인사에 경판을 보관할 판당 중수를 명하였다. 이 공사에도 전국에서 장정 2천6백 명이 징발되었다.

이처럼 조선 초기에 불교는 정치적인 억압에도 불구하고 여전히 일반 대중의 신앙 대상이었고 왕실로부터 두터운 지원을 받았다. 그 가장 상징적인 것이 도성 안에 우뚝 솟아 있던 홍천사와 원각사의 두 탑이었다. 단층 건물 일색이었던 도성 내에서 홍천사의 5층 사리탑과 원각사 10층 탑은 멀리서도 바라다보이는 도성의 상징물이었다고 짐작된다.

불탑이 도성의 하나의 상징물로 자리잡는 것은 삼국시대 이래의 전통이었다. 고구려 평양시내에는 일찍부터 아홉 개의 절이 자리잡고 있었다고 하며 신라 경주의 황룡사 9층탑은 고려 말에 소실될 때까지 경주

사진 64. 합천 해인사 장경판전 전경

사진 65. 합천 해인사 장경판전 창호 상세

자체를 상징하는 건축물이었다. 고려시대에는 도성 내 사찰은 더 늘어나서 귀족층에서 서민에 이르기까지 모든 계층이 이들 사찰의 예배자들이었다. 개경의 가장 한복판에는 흥국사가 자리잡고 있었는데 절이 있는 주변은 성내 가장 번화가인 십자가로였다. 또한 연복사 사리탑 역시 5층의 층탑으로 도성 안 남쪽에 우뚝 솟아 있었다. 흥천사 사리탑이나 원각사 10층 석탑 역시 이처럼 삼국시대 이래의 전통을 이어가면서 도성 안 가장 번화한 중심부에 자리잡으면서 성내 경관의 중요한 한몫을 담당하고 있었던 것이다.

그러나 16세기 이후 불교의 탄압이 본격화되면서 이들 도성 내 불탑의 운명도 종말을 보게 되었다. 조선 초기부터 지속적으로 이루어져 온 불교에 대한 정책적 억압은 연산군을 이어 중종 대에 들어서면서 한층 강화되었다. 승려에 대한 과거 시험제도인 승과가 폐지되고 교종과 선종의 종파도 통합되어 구분이 없어지게 되었다. 승려의 도성 출입도 금지되었다. 이런 와중에 흥천사와 원각사도 사라지고 말았다.

1504년, 연산군은 원각사의 중들을 몰아내고 절을 기생들이 머무는 장소로 바꾸었다. 그후 절은 나라의 관청으로 사용하다가 곧 건물을 헐어서 그 재목을 다른 건물 짓는 데 쓰면서 완전히 사라지게 되었다. 다만 10층 석탑만은 훼손을 면하고 그 자리에 남게 되었다. 흥천사의 경우도 같은 시기에 절의 흔적이 사라졌다. 조선 초기부터 이 절에서 치르는 각종 국가적 불교 행사를 반대해 오던 유생들은 1510년 사리탑에 불을 놓아 탑의 형체를 없애 버렸다. 그보다 앞서 절도 철거되었다. 이로써 약 1세기 동안 도성의 명물로 자리잡았던 사리탑은 이름만 남게 되었고 도성 내의 사찰 명맥은 완전히 끊어지게 된 것이다. 지방에서도 도시 내 사찰은 같은 운명에 처해졌다고 짐작된다.

불교 사찰이 도시에서 자취를 감춘 것은 조선시대 사찰의 전개에서 커다란 변화를 예고하는 것이었다. 삼국시대 이래로 도시는 귀족들이 거주하고 각종 문물이 모이며 문화가 꽃을 피는 장소였다. 그리고 그러한 문화의 가장 중심에 불교가 자리잡고 있었다. 물론 통일신라 이래로 산간에서 은둔하며 정진에 몰두하는 수도 중심의 사찰이 널리 유행하였지만 도시에서 불교 사찰의 역할은 도시의 문화와 도시 경관을 이끄는 중심체였다. 그러한 도시 불교 사찰의 전통이 16세기에 와서 완전히 단절되고 만 것이다. 아울러 조선시대 도시 성격에도 커다란 변화를 초래하였다.

불교 사찰의 여러 전각 가운데도 불상을 모신 불전은 부처의 장엄함을 드러내기 위한 각종 치장을 하게 마련이었다. 불상은 금빛으로 채색하고 전각 전체는 영롱한 단청 채색을 하는 것이 보통이었다. 또 부처의 사리를 봉안하는 불탑의 경우 3층 또는 5층의 높은 층탑 구조에 탑 꼭대기 상륜에는 화려한 금빛 채색을 해서 멀리서도 그 화사한 색채가 눈길을 끌도록 하는 것이 일반적이었다. 이렇게 화려한 전각이 도시 내 여기저기에서 위용을 자랑하는 것이 고려시대까지 도시의 모습이었다고 생각된다. 이러한 도시의 볼거리, 화려함이 불교 사찰의 소멸과 함께 사라지고 만 것이다. 이제 도시에 남은 것은 엄숙하고 절제된 제사 시설과 간소하고 형식에 치우친 관청 건물 그리고 눈길을 끄는 높은 건물이라고는 고작 성문 위에 세워진 누각 정도가 되고 말았다. 불교 사찰이 도시에서 사라지면서 도시의 생동감이나 화려함은 함께 소멸된 것이다.

2. 산 속 유명 대찰의 가람 구성

종파가 통합되고 정치적인 억압을 받는 가운데서도 불교 사찰은 그 명맥을 잃지 않고 유지되었으며 17, 18세기에는 오히려 왕성한 사찰 재건의 움직임을 보였다. 오랜 역사를 지닌 이름난 큰 사찰들은 다양한 신앙을 수용하는 여러 건물들을 하나의 가람 안에 적절히 통합하면서 새로운 건축적 질서를 만들어 냈다. 깊은 산 속에 자리잡았던 이들 사찰들은 산으로 둘러싸인 자연 지세의 이점을 건축에 효과적으로 살리면서 하나의 고유한 외부공간을 만들어 낸 것이다.

불교에 대한 정치적 탄압이 본격화되면서 불교 사찰은 산간에 남아 그 명맥을 유지하는 어려운 상황에 처해졌다. 사찰 건물의 신축은 엄격히 제한되었고 승려들에게는 각종 노역이 의무지워졌다. 관리들의 절에 대한 횡포도 늘어갔다. 그러나 불교는 삼국시대부터 뿌리를 내린 종교이다. 고려시대에는 위로는 왕후장상에서 아래로는 헐벗은 백성에 이르기까지 전 계층의 마음을 사로잡은 신앙이었다. 조선시대에 들어와 정책적인 억압으로 불교가 커다란 타격을 입은 것은 사실이지만, 산간에서는 승려들의 활발한 수행이 이어지고 있었고 지방에서는 많은 사람들이 여전히 불교를 자신의 신앙으로 간직하고 있었다. 성종 때 한 관리가 왕에게 올린 보고에는 당시 전국의 사찰수가 1만 군데를 웃돌 것이라는 대목도 보인다. 여전히 큰 산에는 오랜 역사와 많은 승려들을 보유한 큰 절들이 널리 산재해 있었고, 백성들이 사는 마을 가까운 산간 계곡에도 크고 작은 사찰들이 자리잡고 있었다.

승려들은 점차 산간에서 은둔적으로 수행에 정진하고 세속과 거리를 두었다. 사찰은 자급자족의 경제 수단을 강구하지 않으면 안 되었다. 승려들은 스스로 농작물을 생산하고 겨우살이를 위한 나무하기를 했다. 법당이 낡아 기울어지면 건물 수리도 전적으로 승려들의 손으로 해 냈다. 본래 승려들의 노역은 선종의 오랜 전통이었는데 외부의 경제 지원이 없어지면서 그러한 전통은 더 살아났다.

이런 어려운 여건에서도 승려들은 그 세력을 잃지 않고 유지해 나갔다. 승려들은 사제간의 긴밀한 관계를 바탕으로 각 지역간의 교류를 활발히 하면서 탄탄한 조직을 갖추고 있었다. 큰 절 주변에는 수많은 암자들이 자리잡고 서로간의 협조와 연계를 확고히 했다. 17세기 말 정시한

이 지리산이나 속리산의 여러 암자나 사찰을 다니면서 적은 「산중일기」를 보면, 당시 승려 사회가 왕성하게 유지되고 있는 모습을 읽을 수 있다. 암자에는 나이 많은 승려들이 조용히 참선에 몰두하거나 경전을 읽는다. 어떤 승려들은 솔잎으로 된 차를 마시며 하루 한 끼니만으로도 건강을 잃지 않으며, 어떤 암자에는 나이 80에도 젊은이 못지않은 근력을 유지하는 승려도 있다고 한다. 이들은 금강산이나 속리산 등 큰 산을 오가며 암자 생활을 해 나갔다.

탄탄한 조직을 유지하고 있던 승려들은 임진왜란 때 나라를 구하는 데 큰 역할을 해 냈다. 휴정의 제자 사명당 유정은 전란중에 왜적을 물리치는 데 큰 공로를 세웠을 뿐 아니라 왜국에 가서 포로를 데려 오는 데 결정적인 기여를 했다. 그 밖에도 수많은 승려들이 목숨을 걸고 나라를 지키는 데 애썼다. 사회가 어느 정도 안정되고 다시 북쪽 오랑캐의 침략 위험이 생겼을 때 도성 남쪽에 남한산성을 축조할 때는 공사 대부분을 승려들 스스로 조직된 승군의 힘으로 치렀다. 당시 공사를 총괄하던 각성(覺性)은 남한도총섭이라는 벼슬을 나라에서 받았다. 각성은 이후 전쟁으로 소실되었던 많은 사찰 복구에 큰 성과를 남겼다. 속리산 법주사, 지리산, 화엄사, 쌍계사 등은 각성이 직접 사찰 복구에 나선 곳이며 다른 여러 곳의 사찰들이 전쟁의 상처를 이기고 복구에 나섰다.

17세기 후반 이후, 많은 사찰들이 복구되거나 새로 창건되었다. 유명 대찰이 임진왜란의 혹심한 피해를 극복하고 다시 사찰의 면모를 되찾은 것은 물론, 전에 인적이 끊기고 폐허가 되었던 절터에서도 새로이 법당이 지어지고 승려들이 모여 사찰을 중창하는 경우가 끊임없이 이어졌다. 사찰의 복구는 18세기에 절정에 다다랐다. 지금 우리가 산에서 찾아볼 수 있는 많은 사찰들이 이 시기에 재건된 것들이다.

이 시기 불교계를 주도한 흐름은 선종이었다. 묘향산, 금강산, 가야산, 지리산 같은 큰 산 주변에는 오랜 역사를 자랑하는 유명한 절들이 운집해 있었고 걸출한 승려들이 모여 있었다. 사명당 유정의 스승 휴정은 그 대표적인 존재라고 할 수 있다. 휴정은 "선 사상이 주가 되고 교학은 종이 되어야 한다"는 생각을 펼쳤는데 이러한 생각에 따라 승려들은 주로 은둔적인 수행과 참선에 몰두했다. 과거 각각의 신앙 형태에 따라 독립적인 예불 공간을 갖추고 있던 사찰들은 점차 선 사상으로 통합된 가람으로 재편되었다.

신라시대 이래로 불교는 많은 신앙 대상을 갖추고 있었다. 석가모니불에 대한 예배 외에 아미타여래에 기원하여 서방 극락정토를 현세에 이루고자 하는 정토신앙이나 과거와 미래를 통괄하는 비로사나불을 모시는 화엄신앙, 미래불인 미륵불을 예배 대상으로 하는 미륵 신앙 등이 널리 유행하였고 고려시대에는 이들 각각의 신앙이 하나의 독립된 예배 공간으로 발전하였다. 그에 따라 석가모니불을 모신 대웅전 외에 아미타불을 모신 극락전, 노사나불을 모신 대적광전, 미륵불을 모신 미륵전이나 용화전 등의 여러 전각이 나타나게 되었고 이 밖에도 관음보살을 모신 관음전이나 약사여래를 모신 약사전 등 수많은 전각들이 사찰을 구성하게 된 것이다.

이런 다양한 예배 대상이 나타나면서 고려시대 이전의 사찰들은 큰 사찰 안에 각기 독립적인 개별 예배 공간들이 형성되어 있었던 것으로 짐작된다. 즉 사찰들은 독립된 원이 몇 개 모여서 하나의 큰 사찰을 이루는 경우도 적지 않았던 것으로 보이는데, 예를 들어 금산사의 경우 11세기경에는 장육전과 대적광전이 있는 본절 외에 보광명전을 중심으로 한 광교원, 대광명전을 중심으로 한 봉천원 등 크게 세 부분으로 이루어져 있었다.

조선시대 들어와 불교 사찰이 위축되기는 했지만 신라 이래의 오랜 역사를 이어 온 큰 사찰들은 다양한 여러 신앙 대상을 수용하면서 하나의 통합된 가람을 이루고 있었다. 임진왜란으로 많은 사찰 건물들이 불에 타 버렸지만 곧 재건 작업에 들어가 과거 건물들을 다시 복구해 냈다. 사찰의 복구 작업은 단숨에 이루어지지 못했고 또 옛날 같은 장대한 건물로 재현하지 못하는 경우도 많았다. 그러나 사찰의 복구는 꾸준히 지속되었고 17세기 이후 불교계의 새로운 풍조를 반영하여 과거와 다른 조선 고유한 사찰 구성을 갖추기도 하였다. 즉, 여러 다양한 신앙 대상을 수용하면서도 전체적으로 하나의 통합된 분위기를 갖는 짜임새 있는 가람 구성을 이룩해 낸 것이다.

이런 모습을 많은 유명 대찰에서 찾아볼 수 있다. 그 중에 대표적으로 양산의 통도사와 합천 해인사를 살펴보기로 한다.

통도사는 신라 이래의 명찰로, 금강계단으로 유명한 곳이다. 금강계단이란 신라 때 자장 법사가 중국에서 전래한 불사리를 봉안한 단으로, 불자가 되기를 원하는 사람들이 여기서 계율을 받는 의식을 치렀다. 통도사는 이 금강계단을 출발점으로 해서 여러 시대를 거치면서 전체 가람이 형성되었다.

통도사는 영취산의 남쪽 기슭, 서쪽에서 동쪽으로 흐르는 계곡 물을 따라 길게 사찰 구역이 펼쳐져 있다. 창건시에 지어진 건물은 확인이 어렵지만 늦어도 고려 말 이전에 동쪽 출입문인 일주문이나 천왕문이 세워지고 중간에 각종 예불 전각들이 조성되어 있었다. 특히 고려 말 공민왕 때에는 가람 가장 바깥쪽인 일주문과 불이문 사이에 극락전, 약사전 등이 조성되어 현재의 사찰 골격이 대부분 갖추어졌다. 그러나 이 때의 전각들은 임진왜란을 겪으면서 대부분 소실되었다. 통도사의 재건은 왜란 직후부터 지속적으로 이어졌다. 이 때에는 기존의 중요한 전각들을 옛 위치에 그대로 복구하는 것은 물론 17세기 이후 사찰에 요구되는 건물 수요에 맞추어 새롭게 창건되는 건물들도 있었다. 금강계단이 다시 세워지고 그 앞에 대웅전이 중건되었으며 그 밖에 이전부터 있던 영산전이나 용화전 등 많은 건물이 재건되었다. 아울러 관음전과 그 주변의

사진 66. 양산 통도사 대웅전

개산조당 등 새로운 전각들의 창건도 있었다.

이렇게 해서 형성된 통도사의 전체 가람은 흔히 상로전, 중로전, 하로전의 3로전으로 구분한다. 가장 깊고 중심되는 것은 금강계단과 대웅전이 놓여 있는 상로전으로 여기에는 불사리를 중심으로 한 법화신앙의 터전이다. 중로전의 중심 전각인 대광명전은 화엄신앙을 대상으로 한다. 그 앞에 있는 관음전과 주변 건물은 영조 때 왕실 원당으로 새롭게 삽입된 건물로 추정된다. 진입부 가까이 하로전에는 영산전을 중심으로 아미타신앙과 약사신앙을 반영한 극락보전과 약사전이 자리잡는다. 이 3로전의 각 영역은 각기 독립성을 확보하면서 전체적으로는 하나의 가람으로 통일되어 있다. 이 때 각 영역을 연결하는 문이나 통로가 중요한 역할을 한다. 하로전에서 중로전을 잇는 불이문은 문에 들어섰을 때 펼쳐지는 개방감을 유감없이 살려 내고 있으며, 진입 방향을 고려하여 지붕의 처마 박공 면을 독특하게 꾸민 대웅전은 이 절에서만 볼 수 있는 지붕 형식을 보여 준다.

사진 67. 양산 통도사 불이문

해인사는 통도사와는 또 다른 측면에서 다양한 전각들이 하나의 가람으로 통합된 모습을 보여 준다. 특히 해인사의 경우 웅건한 산세가 건축적인 통합을 적극적으로 이끌고 있는 좋은 예이다.

이 절은 신라 말에 창건된 사찰로, 가야산의 수려한 산세와 사찰의 가람 구성이 절묘한 조화를 이룬 것으로 평가된다. 해인사의 전각들은 조선시대에만 거의 일곱 차례의 큰 화재를 만났다. 오직 사찰의 가장 높은 곳에 있던 장경판전만이 화재를 당하지 않고 경판과 함께 조선 초기 건립된 전각을 그대로 보존하고 있다. 현재의 사찰 건물들은 1817년의 큰 화재 이후에 다시 지어진 건물들이다. 그러나 해인사의 전체 가람 구성은 적어도 조선 초기 장경판전이 새로 건립되던 시점에서 갖추었던 사찰의 기본 골격을 그대로 유지하면서 재건을 거듭해 지금에 이르고 있다고 할 수 있다. 해인사 역시 옛 건물의 토대를 그대로 지켜가면서 시대 변화에 대응해 새로운 건물들을 지어내면서 전체 가람의 통일성을 이어 온 것이다.

절의 분위기는 일주문에 이르기에 앞서 계곡을 따라 이어지는 긴 숲길에서 시작된다. 도중에 비석과 사적비, 길상탑들이 길 옆에 있어서 이미 속세를 떠나 있음을 알게 한다. 길이 오른쪽으로 꺾이면서 지세가 약간 높아진 곳에 일주문이 우뚝 서 있다. 일주문을 지나 봉황문, 해탈문을 거쳐 구광루에 이르는 진입 과정에서 바닥은 점점 더 상승하고 좌우 송림 사이로 사찰 전각들이 눈에 들어오면서 신성한 부처의 세계에 들어와 있음을 깨닫게 한다. 구광루를 들어서면 넓은 마당을 만나게 되며 마당 좌우에 큰 승방들이 겹쳐져 있다. 마당 가운데는 3층 석탑이 하나 자리하고 있는데 한복판을 피해 약간 우측에 빗겨 서 있다. 마당 북쪽 높은 기단 위에 절의 본전인 대적광전이 자리잡고 있고 이 건물 뒤로 돌아서면 가파르게 2단으로 조성한 석축이 있고 이 석축 위에 장경판전의 긴 건물이 앞뒤로 나란히 자리잡는다.

해인사는 경사진 지형을 여러 단의 축대로 나누어 건물을 배치하고 있는데, 각 축대는 서로 높이를 달리하고 크기에 변화를 주어 율동감 있는 지세를 만들고 있다. 아울러 절 아래 낮은 곳에 위치한 일주문에서 꼭대기 장경판전이 있는 마지막 목표에 이르는 진입 과정에 적절한 긴장과 이완을 느낄 수 있도록 효과적으로 각 건물들의 크기나 위치, 진입 방식을 조절하여 독특한 공간 구성을 만들고 있다.

해인사의 중요 건물들은 앞뒤로 나란히 배열되는 것이 아니고 조금씩 한쪽으로 빗겨나 있다. 봉황문에서 해탈문, 그리고 구광루에서 대적광전이 모두 왼쪽으로 조금씩 빗겨 서 있고 3층 석탑 역시 이러한 질서에 잘 순응해 있다. 이것은 해인사를 둘러싼 지세에 건물을 조화시키려는 의도에서 나온 것으로 보인다. 전체적으로는 중심 건물이 하나의 직선축을 형성하도록 해서 사찰의 질서를 갖추면서 세부적으로는 지세의 변화에 적응해서 조금씩 위치를 이동하고 있다. 장경판전에서 대적광전, 그리고 구광루와 봉황문, 일주문으로 이어지는 일련의 건물들은 해인사

사진 68. 합천 해인사의 건물 지붕

전체 가람의 중심축을 이루고 있다. 이 중심축은 조선 초기 이전부터 자리잡은 것이며 지금까지 변함없이 해인사 가람의 근간을 이루고 있다. 여기에 더해서 가야산의 웅혼한 산세 역시 가람 전체의 짜임을 지켜 주고 있다. 변하지 않는 확고한 중심축과 뛰어난 산세 덕분에 수많은 변화를 겪은 해인사는 여전히 천 년 가람의 역사를 지탱하고 있다고 할 수 있다.

이 두 절 외에도 조선시대에는 전국 이름난 큰 산에는 빠짐 없이 오랜 역사를 자랑하며 자연 지세를 적절히 이용하면서 다양한 신앙 대상을 하나의 가람 안에 통합한 큰 절들이 자리잡고 있었다. 지리산에는 화엄사와 쌍계사, 해남 대둔산에는 대흥사, 순천 조계산의 송광사와 선암사, 대구 팔공산의 은해사, 속리산의 법주사 등이 우선 떠올릴 수 있는 절들이며 이 밖에도 많은 절들이 산 속에 자리잡고 각기 지형 조건과 절의 역사 배경에 맞추어 독특한 가람 구성을 이루고 있었던 것이다.

3. 산간 작은 사찰의 미

유명 대찰의 복구와 함께 17세기 이후 불교계에 나타난 또 다른 모습은 산간 깊은 곳에 작은 사찰들이 새롭게 지어진 점이다. 이런 절들은 수행과 은둔을 목적으로 자급 자족적인 수도 생활을 원칙으로 지어졌다. 산간에 지어지는 작은 사찰들은 장대한 불전이나 화려한 전각을 갖추지는 않았지만 오랫동안 이어져 온 자연에 대한 적응력과 건축적인 지혜가 결집되어 하나의 완성도 높은 건축 공간을 구현해 낼 수 있었다. 그 가장 두드러진 부분은 가운데 네모난 마당을 두고 사방에 건물을 배치시키는 방식에서 찾아볼 수 있다.

산간에 작은 사찰들이 들어서는 것은 17세기 후반 이후 활기를 찾기 시작해서 18세기에 그 절정에 달했다. 신라시대 이래로 절이 자리잡고 있다가 한동안 폐허가 되었던 곳에 다시 법당을 짓는 경우가 가장 일반적인 방식이었지만 전혀 절의 흔적이 없던 곳에 새롭게 승려들이 수행처를 개척하는 경우도 적지 않았다. 이런 현상은 한반도의 중부 이남 거의 전역에서 널리 확산되었다. 이것이 가능했던 것은 16세기 이래 고도의 수행과 정진을 거친 뛰어난 고승을 중심으로 역량있는 승려들이 배출되고 다시 그 제자들이 널리 무리를 이루면서 이들이 제각기 수행의 도량을 산간에 개척한 데 있다. 아울러 이 시기 전반적인 농업 생산력의 증가와 그에 따른 서민 계층의 경제력 성장 및 상인세력의 대두도 이들 산간 사찰의 성장을 뒷받침해 주는 힘이 되었다. 17세기 이후에 불교는 양반 귀족층으로부터는 외면되었지만 서민들에게는 여전히 두터운 신앙의 대상으로 남아 있었다. 그 동안 직접적으로 불교를 지원할 힘을 얻지 못하고 있던 서민들도 17세기 이후 농사짓는 여건이 나아지면서 조금씩 사찰 시주를 늘리게 되었다. 특히 재산을 늘린 광작농민이나 부유한 상인들의 지원이 눈에 띄게 늘어났다. 승려 측에서도 새로운 불사가 있으면 적극적으로 이들의 시주를 구했다.

1678년에 있었던 경남 산청의 율곡사 대웅전 수리공사의 상량문에는 이 공사에 참여한 사람들의 명단이 실려 있다. 그 가운데 시주한 사람의 명단을 보면, 공양대시주에 박백일, 강옥량이란 이름이 제일 앞에 적혀 있고 이어서 십여 명의 시주자 이름이 나온다. 시주 액수는 밝혀져 있지 않지만 시주자 명단의 제일 앞에 이름이 기록된 것으로 미루어 가장 많은 액수를 낸 것으로 짐작된다. 통상 이런 시주 명단을 적을 때는 이름만 적지 않고 그 사람의 관직이나 옛날에 얻었던 직책이 있으면 반드시 이를 적는 것이 관례인데 여기에는 단지 이름 석자만 나와 있다. 이것은 이들 시주자가 아무런 벼슬이나 관직을 갖지 못했던 일반 서민임을 말해 주는 것으로 풀이된다. 이와 유사한 사례는 18세기 이후 많은 사찰 중수 기록에서 찾아볼 수 있다. 불교 사찰은 힘겨운 자구 노력에 더해서 이들 서민층의 두터운 지원을 얻어서 새롭게 사찰 건물을 중창해 나간 것이다.

산간의 작은 사찰들에서 자주 발견되는 것은 마당을 중심에 둔 건물 배치 방식이다. 법당인 대웅전 앞에 네모난 작은 마당을 두고 그 좌우에 선방이나 승방을 대칭으로 배치시키고 마당 앞에는 누각을 두는 방식인데 이런 건물 배치를 경사진 지형을 이용해서 적절히 구성하는 것이다. 나머지 건물들은 이 마당의 외곽에 지세에 따라 적당히 분산 배치된다. 대개 대웅전 이외의 예불용 건물이라면 대웅전 옆이나 뒤편에 놓이게 되고 그 밖에 산신각이나 칠성각 같은 건물들이 역시 대웅전 주변의 한 단 높은 외곽에 자리잡는다. 누각 건물 앞에는 단지 작은 진입로만 나 있기도 하고 조금 규모가 큰 사찰이라면 일주문이나 천왕문과 같은 출입문이 설치된다.

누각은 종종 출입문으로도 사용된다. 즉 누각의 아래층 가운데가 마

사진 69. 누문 아래를 통한 진입(안동 봉정사)

당으로 향하는 통로 구실을 하게 된다. 이 때, 누각 아래 통로는 경사진 지형 때문에 조금씩 상승하면서 서서히 법당 건물이 눈에 들어오는 시각적인 효과를 잘 만들어 낸다. 이런 상승적인 시각 효과는 누각에서 마당에 이르는 과정에 충분한 경사가 마련될 때 가능한 것이다. 지형 조건이 그렇지 못할 경우에는 누각 밑으로 통과하지 않고 누각 옆을 통해서 마당에 이르게 되는데 이럴 때는 누각의 건물 방향을 미묘하게 조정해서 진입하는 사람들의 시선이 자연스럽게 법당으로 이끌리도록 하고 있다.

가운데 마당을 둔 방식 즉 중정식(中庭式)의 건물 배치는 산간의 수도 생활 속에서 자연스럽게 형성된 것이라고 생각된다. 건물 배치는 매우 폐쇄적인 구성을 한다. 법당은 높은 기단 위에 놓이고 좌우 승방은 이보다 한 길 정도 낮은 위치에 자리잡는다. 그리고 누각의 2층 바닥 높이는 승방이나 중정의 바닥과 거의 같은 높이를 갖는다. 이렇게 해서 법당의 존엄성을 살리고 나머지 세 건물이 동과 서, 그리고 남쪽에서 감싸는 듯한 구성을 하는 것이다. 따라서 가운데 마당은 북쪽 높은 기단 위

사진 70. 사찰 누각의 전망(창령 관룡사)

법당과 나머지 삼면의 세 건물로 둘러싸인 폐쇄된 분위기를 갖게 된다. 이 폐쇄적인 분위기를 털어 내고 산간의 빼어난 자태를 감상하며 하나의 개방된 돌파구를 마련하는 것이 남쪽의 누각이다. 산간의 폐쇄적인 중정형 가람은 이 누각을 통해서 개방감을 얻는 동시에 빼어난 산간의 자연 경관을 사찰 경내에 끌어들일 수 있다.

경북 영천의 은해사에서 산으로 약 1킬로미터 들어가면 백흥암이라는 작은 암자가 있다. 은해사는 신라 이래의 명찰이며 평활한 대지에 크고 작은 전각들이 넓게 펼쳐져서 유명 대찰의 면모를 잘 갖추고 있다. 이에 비해서 백흥암은 산간 깊은 곳에 경사진 지형을 따라서 작은 법당 하나와 법당 앞마당 좌우의 승방 그리고 그 앞의 누각 겸 출입문으로 사용하는 누문을 기본으로 하는 전형적인 중정형 가람을 이룬다. 은해사가 평탄한 지형에 전각들을 질서 있게 배치하는 고려 이전의 가람 구성 흔적을 남기고 있다면, 백흥암은 조선 후기 산간의 폐쇄적인 가람 구성의 특징을 잘 살리고 있는 셈이다. 백흥암의 중정은 극락전의 높은 기단과 수

사진 71. 영천 은해사 백흥암 극락전

직적인 법당 건물 때문에 더 움푹 들어간 폐쇄성을 드러낸다. 만약 여기에 남쪽 누각의 탁 트인 개방된 부분이 없다면 이 곳 중정은 마치 갇혀 있는 우물 속 같은 공간으로 남았을지 모르겠다. 이처럼 중정형 가람에서 누각은 중요한 구실을 한다.

이런 폐쇄적인 중정 구성은 산세가 비교적 험한 강원도나 경상북도 사찰에서 흔히 찾아볼 수 있다. 반면 비교적 산세가 완만한 경상남도나 충청도, 전라도 해안 가까이에서는 같은 중정형의 가람 배치를 하면서도 공간에 개방감이 있고 움직임이 엿보인다. 고성의 옥천사는 17세기 이후 서서히 가람이 모습을 갖추어 나간 절이다. 처음에는 대웅전 주변의 중정이 갖추어지고 뒤이어 대웅전 뒤편 주변으로 팔상전이나 나한전, 산신각, 칠성각이 자리잡았다. 옥천사에서는 승방인 적묵당이 긴 ㅁ자형의 복합적인 평면을 이루고 있으며 누각인 자방루는 정면 7간의 장대한 외관을 드러낸다. 익산 숭림사 역시 17세기 이후 새롭게 가람이 구성된 곳인데 완만한 경사지를 이용해서 ㅁ자형의 중정을 구성하면서도 각 건물들이 직각으로 놓이지 않고 동편으로 마당이 열리는 개방적인 구성을 보이는 점이 주목된다. 완주 화암사 역시 깊은 산 속에서 전형적인 중정형의 배치를 구성한 절이다. 이 절의 극락전은 지금으로는 유일하게 남아 있는 소위 하앙식 구조를 갖춘 것으로 유명한데 중정으로 진입하는 방식은 누각인 우화루의 측면을 통해서 들어설 수 있도록 하였다.

중정형의 작은 사찰들은 일일이 예를 들 수 없을 정도로 전국에 산재해 있다. 또 대다수는 지금도 조선 후기에 갖추었던 가람 구성의 기본적인 모습을 잘 유지하고 있다. 그만큼 이런 가람 구성은 조선 후기 소규모 사찰에서 어디에서나 수용될 수 있는 보편성을 갖고 있었다. 즉 하나의 법당을 중심으로 승방이 좌우에 밀착해 있고 누각이 반대편에 놓여, 사찰 마당의 짜임새를 높이고 동시에 폐쇄적인 중정의 답답함을 누각을 통해 해소시킬 수 있는 적절한 방식이었다. 또한 중정형의 가람은 지역조건에 따라 누각 아래로 진입로를 만들거나 누각 옆을 통해서 들어가도록 하는 등 지역의 여건에 맞추어 그 형태를 변용시킬 수 있는 가변성을 갖추고 있었다. 중정형 가람이 전국으로 보편화될 수 있는 여건이 이런 점에 있었다고 생각된다.

근래에 와서 신도들의 출입이 늘고 사찰의 재력이 넉넉해지면서 과거 폐쇄적으로 구성되어 있던 중정의 틀을 깨뜨리는 경향이 확산되고 있다. 강화도의 전등사는 대웅전 앞에 좌우 대칭으로 승방이 있고 그 앞에 누각이 있는 전형적인 중정형의 가람 구성을 하고 있었으나 근래 서쪽 승방 건물을 철거해서 법당 앞마당을 넓혔다. 또 창녕 관룡사에서도 과거의 조사 도면에 의하면 대웅전 앞에 대칭으로 승방이 놓여 비좁은 중정이 구성된 것을 볼 수 있는데 지금은 한쪽 승방을 바깥쪽으로 이전해서 역시 개방된 마당으로 바꾸어 놓았다. 이런 경향은 근래에 와서 많은 절에서 일어나고 있다. 이것 역시 중정형이 하나의 고정된 배치 방식이 아니고 시대 흐름에 따라 그 형태를 변화시킬 수 있는 가변성을 보여 주는 점이다.

4. 불전의 장엄

불교는 초기에 불 사리가 예배의 대상이 되다가 뒤에는 부처의 모습을 새긴 불상이 대상이 되었다고 한다. 불전은 이 불상을 모신 건물을 가리킨다. 예배 대상인 불상은 장엄하게 꾸미는 것을 중요하게 여긴다. 그러기 위해서 불상 뒤에 광배라는 장식물을 덧붙이기도 하고 불상 주변에 갖가지 화려한 치장을 가미한다. 아울러 불상을 모신 불전 자체도 장엄함을 나타내고자 애쓰게 된다.

불전 건물의 장엄에는 시대적인 또는 기술적인 차이가 따른다. 건물의 치장은 예배의 방식이나 당대 사람들의 취향, 그리고 일반적인 집 짓는 기술 수준에 따라 적지 않은 차이를 보이게 마련이다. 조선시대 지어진 많은 불전들도 마찬가지로 각 건물의 지어지는 여건에 따른 다양한 치장을 가미하여 예배 대상이 되는 불전의 장엄을 높이고자 했다.

전남 강진의 무위사 극락전은 1430년 즉 조선 초기에 지어진 주심포식의 공포 구조를 특징으로 한 건물이다. 조선시대에 들어오면 사찰 내 주 불전 건물은 대개 공포를 기둥 위만 아니고 기둥 사이 위치에도 가득 짜 올리는 다포식으로 짓는 것이 보통이다. 그런 점에서 무위사 극락전은 조선시대 얼마 안 되는 주심포식 불전 건물로 중요하다. 정면 3간의 일반적인 크기를 취하고 간소한 맞배지붕으로 되어 고려 말의 수덕사 대웅전과 유사한 구성을 하였는데 차이점은 내부에 고주와 같은 기둥을 세우지 않아 실내가 넓게 비어 있는 점이다. 그 한가운데 아미타삼존불을 모신 이 건물의 가장 두드러진 특징은 불상 후면 후불벽과 나머지 건

사진 72. 강진 무위사 극락전 내부

물 세부 벽면에 촘촘히 채색 불화를 그려 놓은 점이다. 이 후불벽은 힘을 받치는 역할은 하지 않고 단지 불상 뒤에 천장 높이까지 일종의 스크린 역할을 한다. 여기에 불상과 같은 아미타삼존불이 화려한 색채로 그려져 있다. 후불벽의 뒷면에는 흰옷을 입고 버들가지를 손에 든 관음상이 큰 벽면 가득 그려져 있다. 또한 건물 좌우 벽면에도 아미타7존도와 아미타내영도가 벽면 가득히 그려져 있고 창방 상부의 세부 벽면마다 각종 보살 입상이 묘사되어 건물 실내는 장대한 부처의 세계를 표현하고 있다.

집을 짓고 나중에 가설한 것이기는 하지만 불상 위 부분에 우물 천장을 부분적으로 가설하고 여기에 보개 천장을 설치한 점도 주목된다. 고려시대 주심포식 건물에서는 천장을 설치하지 않고 서까래를 노출하는 것이 보통이었고 이 건물도 당초에는 따로 천장을 가설하지 않았다가 건물 완성 후 47년 만에 후불벽을 설치하면서 불상 주변의 장엄 효과를 증대시킬 목적으로 불상 윗부분에만 천장을 가설하고 여기에 보개천장까지 설치한 것이다.

주심포식 건물은 공포를 기둥 위에만 설치하므로 치장이 간소하고 또 공포 사이에 벽면이 많이 노출되는 특징이 있다. 더욱이 이 건물은 지붕이 맞배지붕으로 되어 있기 때문에 측면 벽도 비교적 넓은 면적을 갖게 되는데 이러한 건물의 구조적인 특징을 살려서 빈 벽면 가득 화려한 채색 불화를 장식하고 또 가장 중심되는 불상 뒷면에는 일부러 후불벽을 별도로 가설해서 여기에 장대한 벽화를 장식한 것이다. 주심포식이라는 구조적 특징을 살려서 실내의 장엄 효과를 높인 점이 이 건물의 큰 특징이며 이것이 조선 초기 불전의 한 가지 현상이었다고 말할 수 있다.

조선시대 불전 건물은 무위사 극락전처럼 초기에는 일부 주심포식 건물도 있었지만 점차 다포식으로 짓는 것이 일반화되었다. 그것은 다포식 건물이 외관에서나 내부의 장엄 효과에서 주심포식에 비해 월등히 돋보였기 때문이다. 또 많은 불전들이 임진왜란으로 소실되었다가 재건되는 과정을 거치게 되었는데 이런 재건 과정에서 긴 부재가 필요하고 곡선 처리가 많은 주심포식은 부적당하게 되고 짧은 부재들을 많이 중첩시키는 다포식이 선호되었다. 주 불전이 아닌 부속 건물의 경우에는 주심포식을 간략하게 한 익공식이 채택되어 17세기 이후에는 다포식과 익공식의 두 형식이 불교 사찰 건물의 공포를 구성하는 큰 방식이 되었다.

다포식의 불전들은 많은 건물들이 남아 있고 각 건물들은 저마다 독특한 의장을 통해서 장엄을 드러낸다. 이런 불전 중에 가장 흔히 볼 수 있는 것은 정면 3간에 팔작지붕을 한 건물이다. 대표적인 사례로 강화의 전등사 대웅전, 부안의 개암사 대웅보전과 내소사 대웅보전, 전주 위봉사 보광명전, 창녕 관룡사 대웅전, 산청 율곡사 대웅전 등이 있다. 이 가운데 전등사 대웅전의 자세한 모습을 살펴보자.

강화의 전등사 대웅전은 1612년에 재건된 건물로 알려져 있는 소규모 불전이다. 전면과 측면이 모두 3간인데 내부에 고주를 세우지 않고 개방해 놓고 중앙 약간 뒤쪽에 불상을 모시고 후불벽을 대 놓았다. 다포식의 공포는 외부보다 내부를 더 여럿 중첩시켰다. 즉 외부는 첨차가 밖으로 두 번 내민 2출목인데 내부는 4출목이나 된다. 이것은 공포 위에 놓이는 대들보가 실내에서 그만큼 높은 위치에 놓이기 때문에 발생하는 결과이다. 대들보가 높은 위치에 놓이므로 자연히 실내 천장도 높아지고 4출목이나 되는 각 첨차의 끝, 즉 살미는 연꽃봉오리로 장식해서 실내를 화려하게 꾸미게 된다. 또한 불상 위에는 닫집을 꾸미고 닫집과 그 주변에 용이나 봉황 등 각종 상서로운 짐승 조각을 꾸며 놓아서 공포 부분의 장식과 함께 실내 전체가 화려하고 장엄한 장식으로 가득 찬 분위기를 만든다. 그리고 그 한가운데 이 건물의 주불인 석가여래불상이 모셔져 있다. 이 건물은 비록 3간 규모에 단층 지붕인 작은 전각이지만 밖에서 본 느낌과 전혀 다르게 실내는 중앙의 불상을 중심으로 내부 공간이 하나로 개방되어 천장과 닫집, 창방 위 공포 부분 등이 일체가 되어 화려한 부처의 세계를 구현하고 있다. 한 가지 무위사 극락전과 다른 점이라면 후불벽이나 측면 벽에 벽화가 그려져 있지 않은 점인데, 이것도 17세기 이후 다포식 불전의 공통된 경향이다. 17세기 이후에는 벽체에 직접 그림을 그리는 대신에 따로 큰 그림을 그려 벽에 거는 탱화가 유행하게 되며 전등사 대웅전 역시 벽화 대신 탱화가 걸려 있다.

정면 3간의 다포식 불전은 가장 일반적인 형태였는데, 여기에 간혹 지붕을 팔작지붕이 아니고 맞배지붕으로 처리한 다포식 불전들이 있다. 본래 다포식 건물은 기둥 위에 공포를 가지런히 가득 채우는 데 특징이

사진 73. 강화 전등사 대웅전 내부

있는 것이므로 지붕을 팔작지붕으로 해서 공포가 사방으로 빙 돌아가도록 하는 것이 알맞은 방법이다. 그러나 팔작지붕은 비용이 많이 들고 특히 네 귀퉁이 추녀를 만드는 데 길게 휘어진 큰 재목이 필요하게 된다. 반면 맞배지붕은 긴 추녀목이 필요 없을 뿐 아니라 건물 양 측면에는 공포를 짜지 않아도 되는 유리한 면이 있었다. 따라서 다포식의 맞배지붕 불전은 조선 초기에도 간혹 짓는 경우가 있었던 것이다. 그러다가 17세기 이후 목재가 점점 부족해지고 사찰의 재정이 어려워지면서 이런 맞배지붕의 다포식 불전이 전국으로 널리 확산되었다. 맞배지붕의 불전은 건물의 격식으로 보아서는 팔작지붕보다 한 단계 낮아 보이는 것이 사실이다. 그러나 산간의 소규모 사찰처럼 불전 좌우에 승방이 바짝 붙어서 지붕이 겹쳐 있을 경우에는 지붕의 형태가 크게 눈에 들어오지 않기 때문에 그 차이는 많지 않았던 것으로 보인다. 또 맞배지붕 불전은 실내에서 측면의 벽면이 지붕 높이까지 충분히 확보되기 때문에 실내 공간을 넓게 활용할 수 있고 또 여기에 불화를 그리거나 탱화를 걸어 실내 장엄 효과를 높일 수 있는 이점도 있었다. 이런 여러 이유로 해서 조선 후기에는 상당히 많은 맞배지붕을 갖춘 다포식 불전들이 전국에 지어졌다. 그 중 건물의 격식이 잘 갖추어진 몇 군데만 든다면, 안성의 청원사 대웅전과 칠장사 대웅전, 제천의 신륵사 극락전, 서산의 문수사 극락보전, 청도의 대비사 대웅전, 양산의 신흥사 대웅전, 고창 선운사 참당암 대웅전이 있다.

불전 내부에 모셔야 할 불상이 많거나 사찰의 전체 규모가 클 경우에는 규모를 정면 5간이나 그 이상으로 잡는 경우도 적지 않다. 아마도 불교가 번성했던 고려시대에는 정면 5간의 불전이 더 많았겠지만 조선시대에도 일부 큰절이나 또는 특별한 경우에 이런 규모의 불전을 지었다. 금산사 대적광전은 불교가 소위 통불교화되면서 예배 대상이 되는 모든 불상을 한 건물에 모신다는 의도하에 지어진 건물이다. 여기에는 아미타, 석가, 비로자나, 노사나, 약사여래의 다섯 부처가 모셔지고 그들 사이사이에 대세지, 관음, 문수, 보현, 일광, 월광 보살이 모셔졌다. 5불상, 6보살의 총 11불상이 일렬로 놓여지면서 이 불전은 정면 7간의 긴 건물로 지어진 것이다. 이들 불상이 제각기 그 장엄함을 드러내도록 하기 위해서 실내 천장에는 화려하고 정교한 단청과 조각이 가미되었고 정면의 7간 모두에는 활짝 열어 제킬 수 있는 문짝이 설치되었다.

사진 74. 부여 무량사 극락전 전경

이 정도는 아니지만 영천 환성사 대웅전이나 구례 화엄사 대웅전, 하동 쌍계사 대웅전도 정면 5간의 장대한 외관을 갖춘 불전이다. 또 앞의 건물처럼 팔작지붕은 아니지만 맞배지붕으로 5간 규모로 지은 불전도 간혹 눈에 띄는데, 공주 갑사 대웅전, 고창 선운사 대웅보전, 전주 귀신사 대적광전이나 경주 기림사 대적광전이 좋은 예이다.

부여의 무량사 극락전은 조선시대에는 얼마 남아 있지 않은 이층 지붕 건물이다. 본래 불전 건물은 부처를 모신 전각이므로 밖에서 볼 때 장려하게 보이게 하기 위해 지붕을 2층으로 하는 것이 고려시대에는 널리 유행했고 그런 건물들이 조선 전기까지 많이 남아 있었다. 또 어떤 건물은 서 있는 불상을 모시기도 하고 그 중에는 장육전이라고 해서 60척이 되는 큰 불상도 세웠다. 이럴 때는 지붕을 3층 정도로 꾸미지 않으면 안 되며 이런 건물도 종종 세워졌다. 그러나 임진왜란으로 이런 건물들 대부분이 불에 타고 다시 재건될 때는 본래 규모대로 하지 못하고 단층으로 축소하는 경우가 많았던 것이다. 지금 남아 있는 2층 지붕 건물은 무량사 극락전을 비롯해서 화엄사 각황전이나 마곡사 대웅보전, 법주사 대웅보전 등 네 다섯 동 정도에 불과하며 3층 건물로는 유일하게 금산사 미륵전이 남아 있다. 이 밖에 불전은 아니고 탑 형식의 건물로 법주사 팔상전, 쌍봉사 대웅전이 각각 5층 지붕과 3층 지붕을 한 건물이다.

1679년에 재건된 무량사 극락전은 정면 5간, 측면 4간 규모의 건물로, 내부에 고주가 앞뒤로 두 줄 나란히 늘어서 있다. 이렇게 실내에 앞뒤로 기둥이 늘어서는 것은 2층 지붕을 만들기 위해 이 실내 고주들이 2층까지 뻗어 올라가야 하기 때문이다. 그 때문에 2층 지붕 건물의 실내는 단층 건물처럼 하나로 통일된 개방된 내부 공간을 만들기 어렵다. 또 2층

사진 75. 보은 법주사 팔상전

높은 곳에 천장이 가설되므로 천장 주변에 용이나 학을 조각해서 달아 놓아도 그 효과가 높지 않으므로 장식 처리도 덜 하게 된다. 그 대신 지붕이 높아지고 또 2층 지붕의 창문을 통해 실내 높은 곳에서 빛이 들어오는 효과를 살려 1, 2층이 하나로 트여진 높고 개방감 있는 실내 공간의 효과를 잘 살려서 부처의 장엄을 높인다.

지붕이 2층 또는 금산사 미륵전처럼 3층 정도가 되면 실내보다도 밖에서 건물을 바라볼 때 웅장한 외관을 나타내게 되며 이것은 고려시대 불전에서 크게 선호한 방법이었다고 생각된다. 이런 건물을 지으려면 아주 길고 굵은 기둥이 많이 필요하게 되는데 고려시대에는 아직 이런 재목을 구하는 것이 그다지 어렵지는 않았던 것으로 보인다. 그러나 임진왜란을 지난 조선 후기에는 중층 지붕 건물을 세우는 것은 여간 어려운 일이 아니었다. 무엇보다 큰 기둥감을 구하는 것이 곤란해졌다. 그 때문에 금산사 미륵전 같은 경우 기둥들은 다른 건물에 쓰던 재목을 여기 저기서 구해다가 모자란 데는 잇고 구멍난 데는 때우고 해서 3층 전각을 지었다. 그만큼 조선 후기에는 중층 건물을 짓는 것은 어려운 일이었고 또 지어진 건물들도 소규모 단층 전각처럼 짜임새 있게 화려한 치장을 꾸미거나 통일된 실내 공간을 꾸미는 데도 한계가 있었다.

5. 건물의 장식과 서민의 꿈

18세기에 오면서 불교 건축에 나타나는 두드러진 현상 중 하나는 건물 세부에 갖가지 장식이 풍부해지는 점이다. 장식은 실내의 불상 주변에서부터 천장의 각종 조각, 그리고 창문의 꽃살 무늬 장식에 이르기까지 건물 안팎으로 가득 차게 된다. 이런 장식은 장인들의 기술 수준이 향상되면서 가능해졌지만 그 배경에는 절에서의 예불 방식의 변화가 원동력이 되었다. 아울러 서민들의 경제적 역량이 커지고 서민들의 사찰 출입이 활발해지면서 건축 조형 자체에 서민들의 세속적 취향이 반영된 결과이기도 하다.

불전에 장식을 가미해서 그 장엄함을 더하는 것은 불교 건축의 오랜 전통이었다. 불상에 금빛 치장을 하는 것도 그러한 장엄의 한 가지 방법이었다. 이러한 장엄 효과는 17세기에 재건된 사찰에서도 공통적으로 발견된다. 즉 이 시기 불전의 실내에는 화려한 조각을 꾸민 불단을 비롯해서 불상 뒤에는 화사한 색채로 가득한 불화가 길게 걸리고 불상의 머리 위에 설치하는 닫집에는 용을 조각한 화려한 천장이 설치되는 것이 보통이다.

통도사 대웅전이나 예천의 용문사 대장전, 고창 선운사 대웅전 등은 이러한 17세기의 시대적 특징이 건물에 잘 반영된 사례로 꼽힌다. 통도사 대웅전의 실내에는 각종 화초와 상서로운 짐승 조각으로 측면을 가득 채운 불단이 놓여 있고 건물 천장의 우물 반자에도 정교하게 가공한 조각과 채색 장식이 화려하게 꾸며져 있다. 용문사 대장전은 불교 경전을 돌려가면서 볼 수 있는 윤장대가 설치된 특별한 건물인데 실내는 물론 바깥 세부에도 각종 짐승 조각이나 화초 문양이 섬세하게 꾸며져서 건물의 화려함을 한층 더해 주고 있다. 선운사 대웅전 역시 실내 천장의 섬세하고 화려한 치장이 눈길을 끈다.

불전 내부에 화려한 장식이 가미되는 것은 예불 방식이 달라지는 것과도 관련된다. 본래 불상을 모신 불전 건물은 부처님을 위한 전각이므로 일반 신도들이 건물 실내에 들어가서 예불을 드리는 것은 좀처럼 허용되지 않았다. 불전 안에서 예불을 하는 것은 승려들에게 한정되었고 일반 신도들은 대개 건물 밖 마당에서 예불을 드렸던 것으로 보인다. 고려시대에 귀족들이 많은 사람들을 거느리고 대규모 법회를 열 경우에는 옥외 마당에서 큰 법회를 열었는데 아마도 그런 행사에서 소위 야단법석(野壇法席)이라는 말이 나온 듯하다. 즉 이런 옥외 법회가 있으면 많은 사람들이 모여들어서 몹시 소란하고 번잡한 분위기가 되었던 듯하다.

그러나 조선시대에 들어오면서 귀족들의 사찰 출입이 사라지고 또 사찰이 승려들의 수도 공간화하면서 이런 요란한 옥외 법회는 점차 사라지고 예불은 소규모 행사로 바뀌고 실내에서 치러지는 것이 관례가 되었던 듯하다. 그에 따라 일반 신도들의 불전 출입과 실내 예불도 자연스럽게 확대되었다고 생각된다. 이제 불전의 치장은 건물 밖 마당의 짜임보다는 건물 실내의 효과적인 예불 공간으로 바뀌었으며 그것이 실내 불전의 장엄 효과로 나타나게 된 것으로 볼 수 있다.

예불이 실내에서 치러지자 건물 안에 사람들이 들어와서 불상 앞에서 예불할 수 있는 충분한 공간을 확보할 필요성이 생겼다. 그 결과 불상은 실내 뒤편으로 물러나 앉게 되고 불상 앞에 넓은 공간이 확보되었다. 건물 바닥도 사람들이 실내에서 예불하는 데 알맞도록 마루를 깔게 되었다. 본래 불전 건물은 불상을 모신 곳이므로 전돌을 바닥에 깔았었지만 전돌 대신에 사람들이 예불에 편리하도록 마루로 교체된 것이다.

18세기에 들어오면서 건물의 장식화는 더 진전되었다. 이제 장식은 실내 불상 주변뿐 아니고 공포 쪽으로도 이어지고 건물 밖으로도 확대되었다. 아울러 창문의 창살 조각에서 또 다른 장엄 효과를 만들어 내었다.

충남 논산의 쌍계사 대웅전은 정면 5간의 장대한 규모에 실내 가득히 장식이 가미되고 특히 세 구의 불상 윗부분마다 용머리가 살아 꿈틀거리는 듯한 생생한 조각이 올려져 있는 건물이다. 쌍계사는 유서 깊은 절이었지만 도중에 화재를 만나 전각이 모두 불에 타고 1738년에 와서 법당만을 다시 지었다. 본래 쌍계사의 대웅전은 2층 지붕의 큰 건물이었지만 다시 세울 때는 단층으로 줄였다. 비록 규모는 전보다 축소되었지만 줄어든 규모를 보상이라도 하듯이 건물 실내는 온통 화려하고 정교한 장식으로 가득 채웠다. 또 5간의 각 창문마다 정교하고 화려한 꽃살무늬를 채워 넣는 것도 빼놓지 않았다.

사진 76. 논산 쌍계사 대웅전 내부

사진 77. 논산 쌍계사 불상 위 조각

이와 비슷하게 18세기에 와서 다시 지어지는 건물에서 전보다 규모를 줄이거나 주변에 다른 전각을 복구하지 못하는 대신에 대웅전 하나만이라도 화려함을 다 해서 재건되는 사례들이 많았다. 특히 이런 화려한 장식은 충청도나 전라도 해안 가까이 있는 사찰에서 두드러졌다. 부안의 내소사 대웅전은 화려한 꽃살 무늬 창살이 유명하고 인근 개암사는 공포 세부까지 꽃잎 무늬를 새긴 정교한 조각 장식으로 이름이 높은 절이다.

경우에 따라서는 꽃살 무늬 대신에 창살에 다른 화려한 장식을 가미하는 경우도 있다. 경상도 순흥의 성혈사 나한전은 여섯짝 문짝마다 각종 화려한 장식이 가미되었는데 특히 중앙 어간의 창살은 피리를 부는 신선의 모습에서 장수를 상징하는 학이나 거북이, 연꽃잎 위에 앉아 있는 개구리 형상까지 갖가지 형상을 조각해 넣었다. 여기 나오는 주제 가운데는 일반 서민들이 좋아하는 장수와 화복을 기리는 대상들이 많다. 이것은 건물의 장식 의도가 절에 찾아오는 서민 신도층의 즐거움을 자아내려는 데 있었던 것이 아닌가 짐작케 해 준다.

사진 78. 영주 성혈사 나한전 창문 조각

조선 후기 불교 사찰의 주 신도층은 서민이었다. 서민들의 일상생활은 힘들고 거친 것이었다. 서민들이 입는 옷은 때묻은 흰옷이었고 이들이 사는 집은 낮고 어두운 초가집이었다. 조선 후기에 들어오면서 사회의 전반적인 역량은 향상되었다. 서민들도 때로는 삶의 즐거움을 누릴 수 있는 여유를 얻었다. 이러한 여유를 즐길 수 있는 대상 중의 하나가 인근의 절을 찾는 일이었다. 초파일이나 가족의 기일을 당해서 찾아가는 절은 하나의 위안처였으며 절은 일상의 고통과 고달픔을 잊을 수 있는 피안의 세계였다고 생각된다. 이런 곳에 일상에서 볼 수 없는 화려하고 요란한 장식은 잊을 수 없는 자극이 되고 즐거움이 되었을 것으로 짐작된다. 불전 건물에 꾸며진 용머리 조각이나 꽃살 무늬 장식은 결국 서민들의 꿈을 대신해 주는 것이었다고 볼 수 있다.

8

주 택

1. 조선 초기 서울의 상류주택

조선왕조가 건국되고, 서울을 한양으로 옮기게 되자 새 왕조의 고위 관리들은 서둘러 한양에 새 집들을 마련하지 않으면 안 되었다. 권세 있는 사람들은 저마다 좋은 자리를 골라 집터를 마련했을 것이며, 그 집은 개성에서 살던 집을 본따면서도 더 크고 화려한 것이 되었을 것으로 짐작된다. 개국공신 정도전의 집은 경복궁 앞 지금 중학동 근처에 있었는데 이방원에 의해 살해된 뒤에 그 집 서당에는 4개 교육 기관 중 하나인 중학을, 안채에는 제용감을, 그리고 마구간 터에는 사복시를 지었다고 전한다.

집 지을 땅이 한정되어 있던 도성 안에 세도가들이 이렇게 큰 집을 함부로 짓도록 내버려 둘 수 없기 때문에 태조 4년 즉 천도하면서 바로 나라에서는 집터의 크기를 제한하는 조처를 취하였다. 1품에서 9품까지 그리고 서민까지 모두 10등급으로 신분을 나누고 1품은 집터의 상한을 35짐으로 하고 조금씩 줄여서 서민은 최하 2짐까지로 제한한 것이다. 짐이란 면적의 단위로 한자로 부(負)로 적는데, 대략 그 크기는 한 짐이 133m^2 정도이다. 따라서 1품의 고관 집터는 4,600m^2(약 1,410평) 정도가 되고 서민도 최대 266m²(약 80평) 정도까지는 집터를 마련할 수 있었다.

집터 규정이 마련되고 35년쯤 지나서는 집 자체의 크기나 치장을 제한하는 소위 가사제한(家舍制限)이라는 규정이 생겼다. 가사제한은 처음 세종 13년(1431)에 기본적인 내용이 정해졌고 이후 여러 차례 개정을 거쳐 다듬어졌다. 세종 13년 규정에서는 왕의 형제인 대군의 집은 전체 60간을 넘을 수 없고 왕자와 공주의 집은 50간, 2품 이상의 벼슬아치는 40간, 3품 이하는 30간, 서민은 10간을 넘지 못하도록 하였다. 아울러 주춧돌 외에는 다듬은 돌을 쓸 수 없고 단청이나 고급 채색을 하지 못하도록 하였다.

이후 규정 내용은 한층 자세한 부분까지 만들어졌는데, 세종 31년의 규정 내용을 보면, 대군의 경우 60간 내에 누가 10간이고, 정침, 익랑, 서청, 내루, 내고를 두며, 매간의 도리 방향 즉 정면 기둥 1간의 길이는 11자, 보 방향은 전후 퇴를 합쳐서 18간으로 하고 퇴기둥은 11자로 하며, 사랑과 행랑은 높이를 이보다 낮게 하였다. 또 사랑에는 햇볕을 가리는 차양이 있다고 하였다. 가장 낮은 신분인 서인의 경우 10간 내에 누가 3간이고 치수는 도리 방향 기둥 간격이 8자, 보 방향은 7.5자, 기둥은 10.5자였다. 이 규정은 다시 성종 9년에 부분적인 치수의 조정이 있었다. 대군의 경우를 보면, 우선 집에 들어가는 각 실의 명칭에 대해서 정방, 익랑, 서청, 침루가 있다고 하고 고주는 13자, 보 방향 전체 길이는 20자로 해서 전의 규정보다 조금 치수를 크게 잡았다. 이 규정은 뒤에 다시 한두 차례 조정을 거쳐 『경국대전』에 실려 법제화되었다.

이 가사제한을 통해서 우리는 당시 도성 내 주택이 신분에 따라 집의 규모는 물론 세부 치장에까지 엄격히 제한받았음을 알 수 있다. 동시에 현재는 남아 있지 않은 조선 초기 서울의 주택에 대한 약간의 정보를 얻을 수 있다. 즉 당시 서울 귀족층의 주택에는 정침 외에 따로 서청, 내루라고 불리는 실이 있고 이 밖에 익랑이나 사랑 등이 있고 사랑에는 햇볕을 가리는 차양이 있었음을 알려 준다. 정침은 집의 가장 중심되는 주인의 거주 장소라고 생각된다. 서청은 아마도 이 정침의 서쪽에 놓인 독립된 건물인 것으로 보이는데 서쪽의 청이라는 명칭으로 미루어 정침과는 독립된 마루가 깔린 건물로 보인다. 내루는 정침에 덧붙여서 있는 누각으로 짐작된다.

조선 초기 서울의 주택은 기본적으로는 고려 말 개성의 주택을 계승한 것이라고 생각된다. 새 나라가 생기고 도읍이 바뀌었지만 살림 살던 집이 하루아침에 갑자기 바뀌는 것은 아니기 때문이다. 고려 말 개성의 집이 어떤 모습이었는지를 알려 주는 구체적인 자료는 없다. 여러 문헌들이나 발굴 조사보고를 통해서 부분적인 모습을 추정할 따름이다. 우선 고려 말의 주택은 기본적으로 실내 바닥이 온돌과 마루로 구성되었다는 점을 생각할 수 있다.

온돌은 우리말로는 구들이라고 부른다. 구들은 방바닥에 뜨거운 열이 지나갈 수 있는 통로를 갖춘 시설을 가리킨다. 이 통로는 고래 또는 불고래라고 부르고 바닥 한쪽에 열을 넣는 아궁이가 있고 반대쪽은 열기나 연기가 빠져나가는 굴뚝이 설치된다. 구들 구조는 이미 선사시대 주거에서부터 나타나기 시작한다. 한반도 북쪽 추운 지방에서는 기원 1세기경부터 ㄱ자형의 초기적인 구들이 나타나고 중부 지방은 4, 5세기에 널리 일반화된다. 초기의 구들은 불길이 한 줄만 되어 있는 외줄 고래였지만 점차 두 줄 고래로 늘어나 난방 효과가 높아졌다.

구들 자체는 한민족만의 것은 아니었다. 중국의 동북쪽 지역에 사는 사람들도 실내에 구들을 설치해서 난방을 했다. 다만 이들은 구들을 실내 한쪽 구석에 한정해서 설치했고 한민족처럼 방바닥 전체를 구들로 덮는 본격적인 온돌 구조를 만들지는 않았다. 한반도에서 구들이 지금처럼 바닥 전면을 덮게 된 시기는 아마도 고려 후기경이 아닌가 짐작된다. 추운 지역인 신의주 상단리에서는 11, 12세기경의 집터로 추정되는 유적에서 전면 구들이 출토되었다고 한다. 이런 구들이 반도 중부나 남부로 확산되는 것은 고려 말이나 조선 초기 이전이라고 알려져 있다. 조선 초기에는 살림집뿐 아니고 불교 사찰의 승방이나 관청이나 향교의 숙소에까지 전면 온돌이 널리 보편화되었다.

마루의 기원도 멀리 삼국시대 이전으로 거슬러 올라간다. 아마도 마루는 비교적 기후가 따듯한 남쪽 지방에서 먼저 사용되었을 가능성이 높다. 그러나 북쪽에서도 곡식을 저장하는 창고 같은 시설은 일찍부터 바닥을 마루로 했을 가능성이 있으므로 쉽게 단정할 일은 아니다. 아무튼 이 마루도 일찍부터 한민족의 주거에 활용되었음은 분명하다.

온돌과 마루는 서로 상당히 다른 성격을 지닌 것이다. 온돌이 돌이나 흙으로 이루어지고 따뜻한 구조로 주로 겨울을 대비해서 고안해 낸 것이라면, 마루는 나무를 재료로 해서 여름철 시원한 실내를 염두에 둔 것이라고 할 수 있다. 또 온돌이 사방을 흙벽으로 막고 작은 창문을 내는 매우 폐쇄적인 공간이라면 마루는 개방적인 성격이다. 이처럼 두 구조는 서로 대비되는 이질적인 것이다. 이런 구조는 본래 서로 독립해서 따로따로 존재했다고 짐작된다. 즉, 온돌방은 온돌방만으로 독립적으로 이루어지고 마루를 깐 방은 그것대로 독립된 구조를 이루었다고 생각된다. 고구려의 고분벽화에는 주인의 침실은 물론이고 부엌이나 마구간 등이 각각 독립된 건물로 그려져 있다. 이것은 고구려의 주택이 지금처럼 한 지붕 아래 여러 방이 모여 있는 것이 아니고 각각 기능에 따라 독립된 건물이 여러 동 모여 하나의 큰 집을 이루었음을 말해 준다. 이 때 온돌방이나 마루는 당연히 각기 독립된 건물로 되어 있었을 것으로 추정된다.

그러던 것이 온돌과 마루가 한 지붕 아래 한데 모여 서로 연속한 실내 공간을 이루게 되는 것이 대략 고려 말경이 아닌가 짐작된다. 이것은 한

민족의 주택사에서는 획기적인 변화였다. 서로 이질적인 두 요소가 한 데 만나면서 주택에는 다양한 변화와 다른 민족의 주택에서 볼 수 없는 고유한 특성이 만들어지게 된 것이다.

충남 아산에는 맹씨 행단이라고 불리는 건물이 있다. 고려 말, 조선 초기 문신 맹사성의 유적으로 알려져 있는 이 건물은 기둥 위 공포의 짜임이나 대들보 위 대공의 형상 등이 고려 말 조선 초기 목조건물의 특징을 보이는 점에서 중요시되는 건물이다. 이 집은 1330년에 처음 지어졌다가 1482년에 건물 방향을 바꾸어 다시 지어졌다고 알려져 있다. 평면은 가운데 2간의 마루방이 있고 좌우 대칭으로 온돌방이 놓여 있는 모습이다. 현재의 평면 모습이 기둥 위 공포나 대공의 건립 시기와 같은 고려 말, 조선 초기의 모습을 반영하는 것이라면, 이 건물은 마루방과 온돌방이 한 지붕 아래 서로 붙어 있는 가장 연대가 빠른 사례가 될 것이다.

맹씨 행단의 사례에서 미루어 보아 적어도 고려 말에는 한 지붕 아래 온돌과 마루가 서로 연속해 있는 집 구조는 이미 정착해 있었다고 생각된다. 그리고 이러한 구조는 조선 초기 서울에 집들이 들어서면서 널리 보편화되어 갔다고 짐작된다. 여기에 가사제한 규정에서 보는 서청이나 내루, 차양이 있는 사랑과 같은 특별한 부분들이 갖추어지면서 서울의

사진 79. 예산 추사고택의 온돌방 내부

사진 80. 예산 추사고택 대청 내부

사진 81. 아산 맹씨 행단 전경

상류층 주택의 특성이 자리잡아 갔던 것으로 보인다. 이런 집들은 서울 상류층의 생활을 반영한 것으로, 당시로는 전국에서 가장 격식이 높고 화려한 것이었음은 물론이다.

2. 지방 양반 주택의 성장

남아 있는 집이 없어 실체를 알 수 없는 서울의 주택에 비하여 농촌 지역에 양반들이 지은 집은 16세기경에 창건된 것들을 시작으로 비교적 많은 건물이 남아 있다. 이들 지방의 양반 주택은 서울의 사치스런 집과는 대조적으로 농촌의 살림집을 바탕에 둔 소박한 것이었다. 그러면서 사대부로서의 품격을 나타내고 또 주자 가례의 영향을 받아 제사지내는 의식을 중요시하면서 일정한 형식도 갖추게 되었다.

지방 양반의 주택은 각 지역 농촌 가옥에서 출발하였다고 볼 수 있다. 본래 지방 사족은 대개 고려 말에 향리를 지내던 사람들 가운데 점차 지배력을 키우고 경제력을 확보하면서 새로운 지배 계층으로 성장한 사람들이다. 따라서 이들의 경제적 기반은 농촌에 있었고 그 문화적 바탕도 농촌이었다. 이들의 주택 역시 그 바탕이 된 것은 고려 말 이래로 정착되어 온 농촌 주택에서 크게 벗어나는 것이 아니었다. 지역에서 지배력이 커지고 서울 벼슬살이를 통해 견문이 넓어지면서 서울의 세련된 문화 영향을 받았지만 생활의 기본적인 틀은 역시 농촌에 있었다. 따라서 서울 도성의 주택처럼 집 안에 서청을 두고 누각을 세우는 등의 화려한 치장과는 달리 농촌 생활을 반영한 소박한 구성을 기본으로 하였다.

또한 양반 주택을 짓는 기술자들이 주로 시골에서 활동하는 목수거나 아니면 사찰의 승장이었기 때문에 그 수준이 서울의 장인들과 격차를 갖고 있었다. 따라서 이런 주택들은 대개 각 지역의 토착적인 특성을 갖고 있었다. 예를 들어 경상북도의 경우 ㅁ자 형태의 폐쇄적인 평면이 주류를 이루고 경사진 지세를 이용한 주택이 많은 데 비해서 호남이나 충청도에서는 一자 형태의 평면에 개방적인 분위기를 취하는 경향이 나타난다. 이것은 오래 전부터 형성되어 온 각 지역 농촌 주택의 특성이 바탕에 깔린 것이다.

경제력이 증대되고 지역 사회에서의 위상이 높아지면서 늦어도 16세기에는 양반 주택은 하나의 고유한 건축 형태를 갖추게 되었다. 경상북도 경주군의 양동마을에는 이 시기 양반 주택의 성숙된 수준을 보여 주는 몇몇 사례들이 남아 있다.

양동마을에는 손씨와 이씨 두 가문이 세력을 양분하고 있다. 이 가운데 먼저 마을에 자리잡은 손씨의 종가는 비교적 16세기 건립 당초의 모습을 잘 남기고 있는 집으로 손꼽힌다. 손씨 종가는 전체적으로 ㅁ자 형태의 평면 모습을 하고 있다. 가운데 네모난 마당이 있고 마당 북쪽으로 6간짜리 큰 대청마루가 있으며 대청 왼쪽에 안방이 길게 남쪽으로 뻗고 그 반대쪽에 건넌방이 있으며, 안방 앞으로 부엌이 있다. ㅁ자의 동남 모서리에는 1간의 마루가 있고 그 북쪽과 서쪽에 각각 온돌방이 1간씩 있는데 마루에는 서백당이라는 현판이 걸려 있다. 집안의 크고 작은 행사는 주로 6간 넓은 대청에서 치러지고 그 옆 안방은 주인 여자가 거처하며, 며느리가 건넌방을 사용하는 것이 보통이라고 한다. 서백당 현판이 걸린 마루와 좌우 온돌은 주인 남자의 공간이다. 이 부분은 비록 면적으로는 크지 않지만 집의 머리가 되는 위치에 있어서, 바깥에서 찾아오는 손님이 제일 먼저 대면하는 곳이고 또 서백당 마루에서는 마을 일대의 전망이 잘 열려져 있다. 건물은 특별한 치장을 하지 않았지만 검은 기둥과 흰 벽이 대비를 이루고 간결하면서도 격식에 맞춘 전체 외관은 사대부집의 품격을 드러내는 데 전혀 부족함이 없다. 현재 이 집에는 ㅁ자 건물 앞으로 한 단 낮추어 행랑채가 있고 집 동북 방향에는 사당이

사진 82. 경주 양동마을 서백당 전경

따로 설치되어 있는데 이런 부분들은 후대에 지어진 것이다.

같은 마을의 관가정이나 향단 역시 비슷한 시기에 조성된 집들인데 역시 ㅁ자의 평면을 기본으로 하면서 군더더기 치장이 없이 간결하면서도 사대부의 품격을 나타내는 데 손색 없는 외관을 이룬다.

17세기로 넘어가면서 양반 사회에는 예학에 대한 본격적인 수용이 중요한 과제로 떠오른다. 특히 주자가 제시한 가례는 집 안에서 지켜야 하는 모든 예의범절의 기준으로 중요시되었다. 『주자가례』를 해설한 주석서가 나오고 이를 조선의 주택에서 수용하는 데 따른 여러 가지 해석이 학자들 사이에 오갔다.

주자가 가례를 행하는 데 특히 강조한 것은 집 안에 가묘를 세우고 조상에 제사지내는 의식을 철저히 하도록 한 것이다. 주자는 제사를 지내는 데 있어서는 왕이나 사대부, 서인이 다를 것이 없다는 생각을 폈고 과거 민간에서 3대조에게만 제사지내던 것을 4대조까지로 확대해야 한다고 주장했다. 이러한 주자의 생각은 가례가 널리 보급되면서 17세기 이후 조선의 양반 주택에 그대로 영향을 미쳤다. 적어도 사대부의 집이라면 4대의 조상 신주를 모신 가묘를 집 안에 세우고 절기에 맞추어 정성을 다한 제사를 지내는 것이 법도로 자리잡았다.

이 과정에서 주택 전체의 구성에 변화가 따랐다. 우선 집 안에 가묘를 세우게 되었는데 주자 가례에서는 가묘의 위치를 정침의 동쪽에 두어야 한다고 명시하였다. 그런데 주자의 가례는 중국의 집을 염두에 두고 기술한 것이어서 이것을 조선의 주택에 적용하는 데는 해석상의 차이가 생길 수밖에 없었다. 주자의 가례에서 말하는 정침을 17세기 양반 주택에서 어디로 해석해야 하는지가 불분명하였다. 정침은 일반적으로는 안채로 해석될 수 있지만 그 밖에 사랑채가 될 수도 있고 집 전체를 가리킬 수도 있기 때문이다. 많은 양반 주택에서는 정침을 안채로 보고 가묘는 안채 동쪽에 두는 결정을 한 것으로 보인다. 물론 지세가 맞지 않는 경우도 있었기 때문에 모든 집이 다 똑같이 가묘를 동쪽에 둔 것은 아니었고 형편에 따라 안채 북쪽이나 간혹 서쪽에 두는 경우도 있었다.

제사지내는 의식이 집 안에서 중요한 행사가 되면서 사랑채에 대한 인식이 새삼 높아졌다. 제사는 혈족의 남자들을 중심으로 치러졌으므로 제사를 준비하고 제사 전후의 여러 의식을 치르는 장소로 쓰이게 된 사랑채가 집안의 가장 으뜸 장소가 된 것이다. 사랑채는 규모도 훨씬 커지고 기둥이나 창문의 모습, 지붕의 형태에서도 안채나 다른 부분과 한눈에 차별되는 우월한 모습으로 꾸며지게 되었다.

아울러 사랑채는 접객 장소로써의 의미도 증대되었다. 향촌 사회에서 양반의 지위가 확고히 되면서 같은 양반간의 교류가 확대되고 찾아오는 손님의 접대 역시 양반의 주요한 신분 과시의 하나가 된 것이다. 흔히 말하는 봉제사, 접빈객 즉 제사를 봉향하고 손님을 접대하는 것은 양반 집에서 가장 중요시해야 하는 덕목으로 자리잡은 것이며 그 장소로서 사랑채의 존재가 부각된 것이다.

경북 안동의 하회마을 내 양진당과 충효당은 사랑채가 크게 발달한 주택의 좋은 사례이다. 형 유운룡이 살던 양진당은 전형적인 ㅁ자형의 안채의 안쪽 끝에 큰 사랑채가 덧붙여져 있는 형상이다. 아마도 이 집은 본래 ㅁ자형으로 처음 지어지고 집의 머리가 되는 부분도 양동마을의 손씨 종가처럼 동남쪽 모서리에 있었던 것을 뒤에 ㅁ자 안채의 동북쪽으로 크게 사랑채를 덧달아 낸 것으로 보인다. 동남 모서리의 툇마루에서는 마을 남쪽 산봉우리가 바라다 보여 좋은 전망을 갖고 있어서 이 곳이 원래 집의 으뜸 위치였던 것으로 추정된다. 사랑채는 높은 기단 위에 팔작지붕이 당당하게 올려져 있고 평면은 한쪽에 6간 대청이 넓게 열리고 안채 쪽으로 2간 온돌방이 놓여 있다. 이 사랑채는, 제사 때 집 안의 많은 사람들이 모여 제사를 준비하고 예를 올릴 수 있는 충분한 공간을 갖추고 있고 또 평상시에 주인 남자가 손님을 접대하고 방에 앉아 조용히 독서를 하거나 취침을 하기에 적당한 짜임을 하고 있다.

충효당의 사랑채는 ㅁ자 안채의 동남 모서리에 길게 돌출되어 있다. 동생 유성룡이 살던 집으로, 양진당과 달리 이 집은 처음부터 ㅁ자의 동남향 가장 좋은 방향에 사랑채를 꾸민 것으로 보인다. 사랑채 평면은 약간 변화를 주어 온돌방이 두 곳으로 나뉘어졌다. 이 중 동쪽 끝 온돌방의 창문을 열면 멀리 강 건너 산봉우리가 바라다보이도록 되어 있어서 의도적으로 이 위치에 방을 들였던 것으로 짐작된다.

경북 지방의 양반 집들이 이처럼 ㅁ자 안채 곁으로 길게 사랑채를 돌출시킨 것과 대조적으로 호남지방에서는 一자 평면의 안채와 이와는 별도로 일정한 간격을 두고 대문 가까운 쪽에 따로 一자 평면의 사랑채를 꾸미는 것이 일반적이었다. 정읍 김동수 가옥은, 솟을대문을 들어서면 오른 쪽으로 一자 평면의 사랑채가 있고 그 왼쪽 중문을 지나면 역시 一자 평면의 안채 및 별채가 놓이고 사랑채 뒤로 사당을 둔 전형적인 모습을 보인다.

17세기에 들어오면서 이처럼 양반의 집들은 사랑채를 장대하게 꾸미는 것이 널리 일반화된다. 그것은 바로 이 시기에 이르러 양반 사회에서 제사지내고 손님 접대하는 것이 집안의 가장 중요한 행사로 정착되었음을 말해 준다.

현재 남한 지역에는 앞에 소개한 주택 몇 동 외에도 17세기나 18세기에 조성된 전형적인 양반주택이 일부 남아 있다. 안동 의성김씨 종가와 경류정, 해남 녹우당, 논산 윤증 고택, 구례 운조루가 그 대표적인 예다.

의성김씨 종가는 특별히 제사지내기 위한 제청을 사당 가까이에 크게 꾸민 점이 주목되며, 안동의 경류정은 퇴계 문중인 진성이씨 종가로, 집 자체는 큰 규모가 아니지만 사랑채를 전면에 돋보이게 꾸민 점이 두드러진다. 경류정이란 사랑채 옆에 따로 지은 별당의 당호이다. 해남 녹우당은 흔히 윤선도 고택이라고 불리는 집이다. 「어부사시사」로 유명한

사진 83. 논산 윤증 고택 사랑채 전경

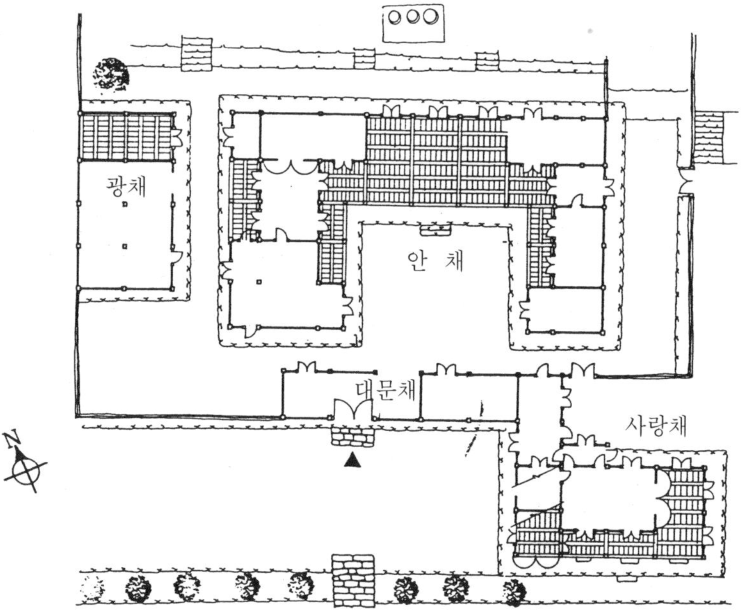

그림 12. 논산 윤증 고택 평면도(『문화재대관』 중요민속자료편, 문화재관리국)

고산 윤선도와 관련이 있는 집으로, 윤선도의 증손인 윤두서에 의해 지어졌다. ㄷ자형의 안채 앞에 사랑채를 세워 전체적으로 호남지방에서는 드물게 보는 ㅁ자형의 폐쇄적인 평면을 이루었다. 주변의 울창한 수목이 지금도 잘 간수되고 있는데 집 북쪽 숲 사이에 세 채의 사당이 모여 있는 것이 특색이다. 녹우단은 해남 윤씨의 대종가로, 5대조를 봉사하는 안사당 외에 입향조의 사당과 중흥조인 고산의 사당을 별도로 갖추고 있는 것이다. 논산 윤증 고택은 집 전면에 우뚝 솟아 있는 사랑채의 위용이 장관인 집이다. 사랑채 한쪽 끝은 바닥 마루를 높여서 누마루와 같이 꾸몄는데 이 곳에 올라서면 마을 입구가 훤히 내려다보인다. 구례 운조루 역시 집 전체를 다스리는 사랑채의 격식과 위용이 잘 드러난 집으로 꼽힌다.

3. 씨족 마을의 전개

하회마을과 양동마을은 조선시대의 가장 대표되는 씨족마을이라고 할 수 있다. 18세기경의 하회마을은 풍산 유씨 문중이 마을을 거의 지배하고 있었고 본래 있던 다른 성씨를 가진 집들은 소멸되거나 다른 곳으로 이주해 버렸다. 양동마을의 경우는 본래 있던 손씨 집안과 뒤에 마을에 정착한 이씨 두 집안이 마을을 지배하는 경우가 된다. 이런 마을들은 씨족마을이라고 부르기도 하고 혹은 동족마을이라고도 부르는데 조선시대에는 농촌지역에 수많은 씨족마을들이 있었고, 이 씨족마을은 조선시대 마을의 가장 특징적인 형태로 알려져 있다.

씨족마을이 형성되기 시작하는 것은 16세기경부터이며, 주로 농촌의 양반 계층에 의해 전개되었다. 양반들은 주변 농토를 개간하기도 하고 혼인 관계를 통해서 재산을 증대시키면서 경제력을 늘려 나갔다. 이렇게 형성된 재산을 장자에게 독점적으로 물려줌으로써 같은 핏줄로 이어진 씨족간의 결속을 강화하였다. 본래 재산 상속은 자녀에게 골고루 나누어 주는 것이 과거의 관습이었는데 집 안에서 제사지내는 것을 중요시하면서 제사지낼 의무와 권리를 지닌 장자에게 재산 상속을 우대하게 된 것이다. 이런 새로운 상속이 자리잡은 것은 17세기 이후의 일이며 이때부터 씨족마을은 더욱 번성하게 되었다.

씨족마을이 자리잡는 위치는 넓은 경작지를 낀 산 아래 자락이 많다. 산을 뒤에 등지고 앞에는 마을 소유의 논밭이 펼쳐져 있어서 농토의 관리에 유리하고 뒷산으로부터는 바람을 막고 맑은 계곡 물을 얻을 수 있는 곳이 이상적으로 꼽힌 것이다. 마을은 길에서 바로 바라다보이는 개방된 곳보다는 언덕 하나 정도 들어와 있는 가려진 곳이 선호된다. 이런 것들은 풍수지리와 같은 전통적인 지리관과 선비들의 은둔적인 자세 또는 잦은 전란에 대한 영향 등이 복합적으로 작용한 결과라고 생각된다. 물론 이처럼 가려진 곳이 아니라도 하회마을처럼 주변 자연 경관이 빼어나고 물이 가까이 있어서 경작이나 생활에 편리한 곳에 큰 마을이 형성된 곳도 적지 않다.

씨족마을의 한 가지 특징은 마을 공동의 유교적인 시설을 갖추고 있는 점이다. 마을에는 서원이나, 정려각, 제각 등이 세워져 문중의 종교적 구심적 역할을 한다. 이 때의 서원은 전에 세우는 서원처럼 유명한 학자를 봉향하는 것이 아니고 마을을 처음 개창한 조상이거나 문중에서 특별히 학문적 명성을 얻은 인물을 모신다. 정려각이나 제각은 부모나 가족에 효성을 다하거나 나라에 충성을 바친 업적이 인정되는 사람들을 기리기 위한 시설들인데 이런 시설을 마을 눈에 잘 띄는 곳에 설치함으로써 정신적인 감화를 꾀하는 것이다. 아울러 마을 학동들을 위한 서당을 지어 문중만의 폐쇄적인 교육 시설로 활용하고 마을 어구에 정자를 지어 마을 공동의 휴식과 집회 장소로 활용하는 것도 씨족마을에서 볼 수 있는 시설들이다.

이런 여러 시설과 함께 씨족마을에서 가장 중요시되는 구심적 역할은 역시 종가이다. 종가는 안으로는 마을 사람들이 한 핏줄임을 확인시켜 주는 구심점이며 밖으로는 씨족을 대표하는 집이 된다. 따라서 종가는 마을 내에서도 가장 우월한 위치에 자리잡고 그 형태나 규모도 다른 집과 구분되는 차별성을 갖는다. 종가가 위치하는 곳은 마을이 경사진 산기슭이라면 마을 가장 높은 곳에 자리잡아 마을을 내려다볼 수 있는 곳이 되고 평탄한 곳이라면 마을 한가운데 중심에 자리잡게 된다. 집의 규모에서도 종가는 한 단계 큰 규모를 갖는다. 물론, 세월이 흘러 지손 중에 크게 벼슬을 한 사람이 나타나거나 재산을 모아 종가보다 큰 집을 짓는 경우도 있지만 종가가 차지하는 마을 내 위치에서 볼 때 그 위계질서는 흔들리지 않고 유지되는 것이 보통이다. 마을로 진입하는 가장 중심되는 길은 항상 종가로 이어지게 마련이다.

하회마을은 평탄한 지형에 자리잡은 씨족마을로, 양진당과 충효당이 각기 유운룡과 유성룡으로부터 분파된 두 종가를 갖고 있다. 마을 중심길은 입구에서 이 두 집이 있는 마을 한가운데로 이어지며, 길 북쪽으로 북촌, 남쪽으로 남촌이 형성되어 두 종가로부터 형성된 여러 집들이 하나의 뚜렷한 위계질서 속에 자리잡고 있다. 양동마을의 경우에는 마을 안쪽으로 경사진 사면을 따라 언덕 높은 곳에 손씨 종가가 자리잡고 그 아래쪽으로 지손들의 집들이 큰 길 주변으로 제각기 고유한 생활 영역을 이루면서 모여 있고 마을 앞쪽에 이씨 혈족의 집들이 자리잡았다.

두 마을 외에도 성주 한개마을, 남원 홈실마을, 대구 옻골마을 등은 비록 많은 집들이 없어지고 변형되었지만 양반들의 씨족마을 흔적이 일부 남아 있는 곳들이다.

한편 19세기에 오면, 양반들은 아니지만 부유해진 농민들의 혈족이 집결해서 고유한 씨족마을을 형성하는 경우도 많이 나타나게 되었다. 이런 경우에는 양반 마을과 같은 뚜렷한 위계질서나 유교적인 제사 시

사진 84. 안동 하회마을 전경

설을 갖추는 경우는 적지만 종가를 중심으로 하고 마을 공동의 정자를 꾸미는 등 역시 구심성 강한 마을 공동체의 구성에서는 공통된 특징을 갖는다. 이런 마을들은 호남지방을 중심으로 충청도나 경상도의 강 하류 지역의 넓은 경작지에 많이 남아 있는데 이것은 조선 후기 이후 수리 사업의 확대 및 농사 기법의 발전과 깊은 연관이 있다.

4. 19세기 상류주택의 세련미

19세기에 들어오면서 양반들의 주택은 전과 다른 새로운 모습으로 전개된다. 본래 지방의 양반 주택은 농촌 주택의 소박한 구성을 바탕에 두면서 지역 지배층으로써의 권위를 살리고 양반의 선비다운 절제미와 품격을 갖추는 것이 특징이었다. 여기에 주자 가례의 영향을 받으면서 가묘와 사랑채가 중시된 일정한 형식을 갖춘 것이었다. 18세기 이후 양반

사진 85. 성주 한개마을 한주정사 사랑채 연못

사회는 점차 내부의 분화가 전개되어 19세기에는 그것이 현저하게 나타났다. 일부는 막대한 부와 권력을 쥔 특권 계층으로 부상하고 일부 양반은 농민과 다름없는 신분으로 하락했으며 농민 중에도 양반에 못지않은 부와 사회적 지위를 누리는 부류가 나타난 것이다. 이런 과정 속에서 상류주택은 전반적으로 본래의 절제와 격식보다는 생활의 즐거움을 누리고 쾌적한 치장이나 실내 구성을 추구하는 세련미 넘치는 건축으로 탈바꿈한 것이다.

성주 한개마을 내에 있는 한주정사라는 당호가 붙은 주택은 19세기에 사랑채 주변을 새롭게 조성한 집이다. 사랑채는 ㄱ자 형태로 한쪽이 돌출해서 높은 누마루를 이루고 있으며 이 누마루 곁에 네모난 아름다운 연못이 크게 가꾸어져 있다. 연못은 두 개의 못이 연결된 것인데 못 가운데 작은 섬과 같은 당주가 있고 구부러진 소나무와 갖가지 꽃나무가 못 주변을 가득 메워서 계절에 따라 꽃향기를 내고 아름다운 경관을 만들어 낸다. 사랑채 바로 곁에 이렇게 큰 연못을 짓고 초목을 가꾸는 것은 조선 중기의 양반 집에서는 잘 보기 어려운 것이었다.

달성 삼가헌에는 따로 하엽정이라는 별당을 짓고 별당 앞에 네모 반듯한 장대한 연못을 조성했는데 못 한가운데 둥근 섬이 있고 못 주변에 절기에 맞춘 각종 꽃나무가 심어져 있으며 못에는 연꽃을 가득 채웠다. 지금도 하엽정 높은 누마루에 앉아 있으면 3월에는 매화꽃이, 5월에는 연꽃 향기가 별당 주변에 은은히 퍼지고 한여름에는 큰 부채 같은 연꽃 잎에서 빗물이 고였다가 떨어지는 소리가 운치를 더해 준다.

강릉 선교장 역시 본채에서 백미터쯤 떨어진 곳에 큰 연못을 짓고 연못에 걸쳐서 활래정이라는 별당을 짓고 연못 가득 연꽃을 심었다. 활래정 건물은 ㄱ자형으로 꺾여 있어 온돌방과 마루에서 서로 다른 연못의 경치를 즐길 수 있도록 꾸몄다. 연못을 향한 온돌방의 창문은 세 겹으로 이루어졌는데, 제일 밖에 한 쌍의 밖으로 여는 쌍창을 두고 안에는 창호지를 바른 미닫이창을 달고 다시 그 안쪽에 두터운 종이를 바른 창으로 하였다. 방 안쪽 두터운 종이에는 매짝마다 운치있는 붓글씨가 쓰여져 집주인의 세련된 감각을 보여 준다.

괴산의 김기응 가 역시 안채와 사랑채 곳곳에 세 겹의 정교하게 가공한 창문들이 설치되어 섬세하게 가공된 집의 수준을 보여 준다. 특히 이 집에서는 사랑채 담장이나 안채 지붕 박공 부분에 벽돌을 이용해서 식물이나 박쥐와 같은 문양을 장식한 것이 눈에 띄는데 이런 벽돌 장식 역시 18세기 이전의 주택에서는 좀처럼 보기 어려운 부분들이다.

여러 지방 주택에서 발견되는 세련된 모습들이 서울에서 높은 건축적

사진 86. 강릉 선교장 활래정

사진 87. 괴산 김기응 가 사랑채 담장 장식

완성도를 갖고 한 건물에서 집대성된 것이 창덕궁 내의 연경당과 낙선재이다. 두 건물은 궁궐에 지어졌다는 점에서 특수한 면을 갖고 있지만 동시에 지방에 지어진 주택과는 한 단계 차원을 달리하는 서울의 높은 건축 수준을 보여 주기도 한다.

연경당은 평면의 변화있고 율동감 있는 구성이 돋보이는 동시에 여러 가지 유형을 달리하는 각종 창문의 섬세한 가공수법이 잘 드러나 있는 주택이다. 또한 대문에서 중문으로 이어지고 안채와 사랑채를 연상시키는 두 개 영역이 만들어 내는 공간 구성이 뛰어난 집이다. 낙선재에서는 뒤편 후원의 아름다운 구성과 벽돌을 이용한 포도나 박쥐문양 등의 장식 처리가 주목되며 역시 19세기 주택이 달성한 뛰어난 수준이 잘 수렴되어 있다. 본래 서울의 집은 조선 초기부터 서청이나 내루, 차양을 둔 사랑과 같은 농촌 주택에서는 볼 수 없는 독특한 구성을 하고 있었다. 임진왜란을 거치면서 이러한 특징들이 많이 사라졌지만 역시 서울의 주택이 갖는 고유한 요소는 상당히 이어져 왔다고 생각되며 연경당이나 낙선재에는 이러한 특성들이 부분적으로 드러나고 있다고 볼 수 있다.

19세기 상류주택이 갖는 여러 특징들 즉 집 주변에 조성한 장대한 연못, 세 겹으로 짜여진 정교한 창호, 돌출한 누마루, 벽돌을 이용한 장식

사진 88. 창덕궁 연경당 전경

사진 89. 창덕궁 연경당 창문 부분

사진 90. 창덕궁 낙선재 전경

문양 등등은 바로 이 시기 건축 장인들이 달성한 높은 기술 수준이 바탕에 있었기 때문에 가능한 것이기도 하다. 19세기가 되면 건축 장인들은 관청의 예속에서 벗어나 자유로운 신분으로 노임에 의해 건축 활동을 영위하고 있었으며 갖가지 종류로 세분화된 다양하고 정교한 연장을 몸에 지니고 섬세한 세부 가공에 정성을 기울이고 있었다. 특히 창문의 미세한 치장이 가능한 대패의 발달은 19세기 주택의 창호를 전 시대와 구분짓는 한 단계 세련된 것으로 만들 수 있게 하였다.

지나치게 예의 절차에 얽매이던 과거의 정신이 이완된 점도 주택이 더 아름답고 쾌적한 공간으로 변모하는 커다란 원동력이 되었다. 이제 사랑채는 더 이상 제사지내는 엄숙하고 딱딱한 장소로만 쓰이지 않게 되었다. 곁에 큰 연못을 만들고 아름다운 화초를 심고 높은 누마루를 덧달아 내 주변 경관을 즐기는 휴식 공간의 역할이 더 커졌다. 이제 상류층의 주택은 양반의 품격과 절제된 예절을 행하는 곳이 아니고 삶의 즐거움을 실천하는 장소로 자리잡은 것이다.

사진 91. 창덕궁 낙선재내 포도 장식

사진 92. 창덕궁 낙선재 내 담장

5. 서민 주택의 성장

18, 19세기에 들어오면서 양반이 아닌 일반 상민 계층도 집다운 집을 짓고 사는 단계로 접어들었다. 이 때는 무엇보다도 양반과 상민의 중간 계층이랄 수 있는 도시의 중인이나 농촌의 중류 농민층이 형성되어 새로운 주택 유형을 만들어 갔으며, 서민들의 주택도 규모나 공간의 향상이 두드러졌다.

18세기는 과거 양반과 상민의 두 계급으로만 나뉘어져 있던 사회에 그 중간 성격에 해당하는 다양한 계층이 대두된 시기였다. 도시에서는 중인이라고 확실히 구분될 수 있는 부류가 형성되어 이들의 집단 거주 구역이 형성되었다. 중인은 관청의 통역 일을 맡거나 의료업에 종사하는 하급 기술관을 비롯해서 서얼이나 향리, 서리 등의 행정 관리들이 대상이 된다. 이들은 비록 양반층이 누리는 특권을 얻지는 못했지만 자신들이 처한 관리로서의 지위를 이용해서 일정한 권리 행사를 하였다. 아울러 중인들만으로 형성된 시를 짓는 모임을 갖는 등 이들만의 문화적 활동도 벌였다.

서울의 경우 중인들이 많이 거주한 곳은 청계천 주변에 기술 관리들이 모여 있었고 운종가 남쪽에서 남산 아래 지역과 인왕산 기슭의 성 안팎에 집단 거주지를 형성하였다. 서울에 살던 중인의 집으로는 삼청동에 있던 오위장 김영춘 가를 예로 들을 수 있다. 좁은 골목길에 면해서 ㄱ자형의 안채와 문간채가 이어지고 따로 작은 사랑채를 독립해서 마련한 집으로, 작은 규모지만 주인 남자의 독립된 공간을 확보하고자 한 의도가 잘 드러나 있다. 이 집은 골목 한가운데 작은 공터를 마련하고 이 공터에 면해서 대문을 두고 있어서 비록 비좁은 골목에 면한 집이지만 독립된 가옥의 분위기를 만들고 있다. 중인 신분의 집이 도시 안에서 명확한 존재로 자리잡고 있는 좋은 예라고 하겠다. 유감스럽게도 이 집은 근년에 남산골 한옥마을로 이전되면서 골목길의 분위기를 잃고 말았다.

사진 93. 서울 삼청동 오위장 김영춘 가의 외관(이전되기 전 모습)

한편 농촌 지역에서는 광범위하게 중류 계층의 농민 주택이 근래까지 잘 남아 있었다. 농촌 지역의 중류 계층 주택의 가장 큰 특징은 독립된 사랑채나 또는 사랑방을 갖고 있다는 점이다. 본래 사랑채는 양반들이 접객과 제사를 위해서 갖춘 부분이었다. 양반 주택이 하나의 일정한 형식으로 자리잡으면서 높은 기단 위에 우뚝 솟은 사랑채를 두는 것은 양반 신분의 상징으로 자리잡았다. 18세기 이후 농민 사이에 경제력을 얻은 사람들이 늘어나면서 양반을 모방한 집을 짓고자 하는 충동은 자연스레 나타났다고 짐작된다. 그러나 여전히 신분적 굴레와 제약이 엄격히 작용하고 있었으므로 양반을 능가하는 거대한 집을 짓는 것은 허용되지 않았다. 결국 이들 경제력을 갖춘 농민들이 자신들의 집에 세울 수 있는 것은 양반 집을 모방한 사랑채였다.

경기도 지역은 다른 곳에 비해서 대지주가 형성되거나 유력한 양반이 포진해 있지 않아서 중류 계층 농민의 형성이 쉽게 이루어진 곳이다. 이곳에는 소위 튼 ㅁ자형이라고 부르는 형태의 중류 농민 가옥이 많이 만들어져 있다. 즉 ㄱ자형의 안채가 있고 가운데 마당을 두고 ㄴ자형의 사랑채 겸 문간채가 조성되어 전체적으로 틈새가 있는 ㅁ자 모습의 주택 평면을 이루는 집들이다. ㄱ자형의 안채는 경기도를 비롯한 한반도 중부 지역에서 가장 흔히 발견되는 살림집의 평면 모습이다. 가운데 작은 대청마루가 있고 한쪽에 안방, 대청 반대편에 건넌방을 두고 안방 앞으로 부엌이 놓여 전체적으로 ㄱ자꼴을 이루는 형태다. 이런 안채를 기본으로 하면서 마당 반대편에 대문을 두고 대문 옆으로 3간 정도의 사랑방이 놓이고 그 반대편에는 외양간이나 헛간이 연결되어 ㄴ자형을 이루면서 연결되어 전체적으로는 튼 ㅁ자꼴을 갖추는 것이다.

경기도 양평군 창대리에 있는 김씨 가는 경기도에서 쉽게 볼 수 있는 이러한 튼 ㅁ자꼴 중류 농민 가옥의 대표적인 예이다. 집 바로 뒤는 선조들의 무덤이 있고 앞에는 비교적 너른 경작지를 보유하고 있는 전형

사진 94. 양평 창대리 김씨 집

적인 농촌의 중류 가옥이다. 잘 다듬은 화강석으로 기단을 갖추고 기둥을 비롯한 집의 뼈대가 견실하게 짜여지고 지붕은 기와를 덮은 집으로, 세부 치장들도 여느 양반 집에 못지않은 가공을 하고 있다. 사랑채는 3간으로 되어 있고 앞에 툇간이 있는 모습인데 3간 중 1간이 마루고 2간은 온돌이다. 매 간에는 잘 가공된 창호가 설치되어 있다. 이 집은 비록 양반 집의 세련미까지는 이르지 못했지만 중류 계층이 추구한 집의 격식과 외관은 충실히 갖춘 집이다.

19세기의 경기도는 이런 유형의 살림집이 전 지역에서 널리 일반화되어 있었다. 어떤 집들은 이보다 더 규모를 키워 사랑채를 더 크게 꾸미기도 하고 또 어떤 집은 미처 이 규모에 따르지 못하여 지붕은 초가를 덮고 사랑채라고 따로 구분하기 곤란한 작은 사랑방을 두세 간 정도 갖춘 집도 있다. 그러나 전반적으로 순수한 서민층 집이라고 볼 수 없는 집의 격식과 치장을 갖추고 있는 것이다. 이런 중류 농민 주택은 경기도뿐 아니고 거의 전국에서 나타난 현상이었으며 각 지역은 제각기 지역

특성을 바탕으로 조금씩 다른 양상을 보였음은 물론이다.

한편 서민층의 집들도 19세기에 와서는 장족의 발전을 보였다. 서민들의 집은 산간에서나 농촌에서나 일상 생활에 밀착되고 주변 자연 환경에 가장 직접적인 영향을 받으면서 오랜 기간에 걸쳐 형태가 다듬어지고 기술적인 진전이 가해지면서 하나의 일정한 형태를 이루어 낸 것이다.

서민 주택은 오래된 것은 남아 있는 것이 없어서 잘 알 수 없고 18세기 이후의 상황을 어렴풋이 추정해 볼 수 있는 정도이다. 서민 주택은 산이 많은 우리나라 자연 지형에 영향받아서 산간에 사는 사람들의 집과 농경지가 발달된 평야 지대의 집이 크게 모습이 달랐던 것으로 보인다. 산간에서는 집을 짓는 재료도 주변에서 구할 수 있는 나무에 더 의존하고 지붕 재료도 나무 껍질을 이용하는 등 산간의 자연 환경에 더 의존하는 경향을 보였다.

집의 평면은 방을 두 줄로 배열하고 집 안에 부엌과 외양간을 함께 두는 폐쇄적인 형태를 취하는 것이 일반적이었다. 이런 경향은 눈이 많이 오고 겨울철이 긴 북쪽 지방에서 더 두드러졌다. 반대로 반도 서쪽의 평야 지대에서는 방은 한 줄로 배열해서 환기를 좋게 하고 실내가 밝도록 꾸몄다. 이렇게 방이 두 줄로 배열되는 집을 학자들에 따라 양통집이라고 부르고 한 줄로 된 집을 외통집으로 부르기도 하며 어떤 사람들은 앞의 것을 겹집, 뒤의 것을 홑집이라고 부르기도 한다. 겹집은 용어상에 혼란을 일으키기 쉬운 명칭이다. 흔히 양통집하면, 집의 뼈대가 완전히 두 줄로 짜여지는 집을 가리키지만, 지역에 따라서는 이런 집을 겹집으로 부르기도 한다. 그런데 19세기 이후 호남을 중심한 남쪽 지역에서는 집의 뼈대는 한 줄짜리면서 내부에서 방이 두 줄로 나눠어지는 집들이 많이 나타나고 이런 집을 또 겹집으로 부르고 있다. 따라서 같은 겹집이란 호칭 사이에는 내용에 차이가 생기고 있는데, 앞으로 통일된 명칭으로 조정하는 일이 필요하다.

양통집은 산이 많은 우리나라 자연 조건 때문에 본래는 더 넓게 분포되어 있었던 것으로 짐작되지만, 세월이 흐르고 경제력이 나아지면서 양통집 대신에 외통집을 선호하는 경향이 생겨서 18세기나 19세기로 가면 양통집은 태백산맥 일대나 그 밖에 산간 지역에 부분적으로 남고 대체로 외통집이 주류를 이루는 것으로 보인다.

지역적으로 보면 비교적 북쪽의 추운 지역은 온돌이 주류를 이루고 마루는 1간 정도를 마련하거나 툇마루만을 두는 정도이며 남쪽 지방으로 가면서 마루의 비중이 커지는 경향을 찾아볼 수 있다. 양통집 또는 겹집의 경우를 보면, 태백산맥의 줄기를 따라 울진 정도를 경계로 해서 그 위는 온돌이 중심이 되고 아래서는 마루가 중심이 되는 경향을 볼 수 있으며 외통집에서도 북쪽은 마루가 거의 없고 남쪽으로 가면서 마루 비중이 커지는 사례를 많이 본다. 그러나 서민의 주택은 지역에 따라 획일적으로 그 평면 유형을 구분짓기 어려운 점들도 적지 않다. 오히려 집주인의 경제력이나 신분 관계 등이 집의 평면에 더 큰 영향을 주었던 것으로 생각된다.

한편 18세기를 지나 19세기로 넘어가면서 전반적으로 농촌의 경제 사정이 나아지는 경향을 반영하며 서민의 주택도 전보다 크게 질적으로 향상된다. 우선 집 짓는 구조 기술에 진전이 생겨, 몸채를 세우고 기둥 바깥쪽으로 툇간을 달아 내 실내 공간을 넓게 잡게 되는 것이 눈에 띈다. 창문도 크게 발전을 보여 실내 공간이 한결 밝고 쾌적하게 되었다. 그 전까지 서민 주택의 집 창문은 대개 널빤지로 막았다. 마루는 물론 온돌방의 창문도 널빤지로 된 소위 빈지널문을 달았다. 그 때문에 실내는 창문을 닫으면 캄캄해질 수밖에 없었다. 그러나 19세기에 들어오면 서민주택들도 대개는 창호지를 대서 창문을 닫고도 밝은 실내를 얻을 수 있게 된 것이다. 또 전에 흙바닥이었던 실내 바닥도 많이 마루로 교

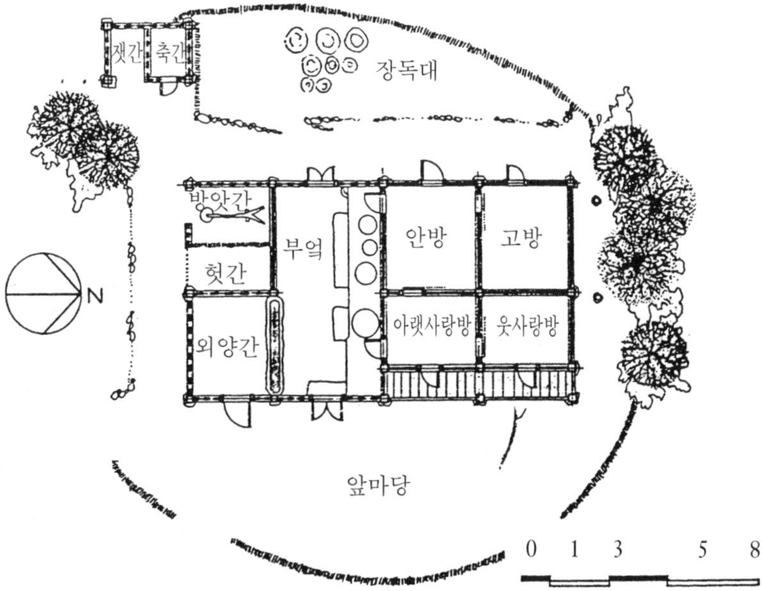

그림 13. 방이 두 줄로 이루어진 살림집(강원도 삼척 하장면 권씨 집)

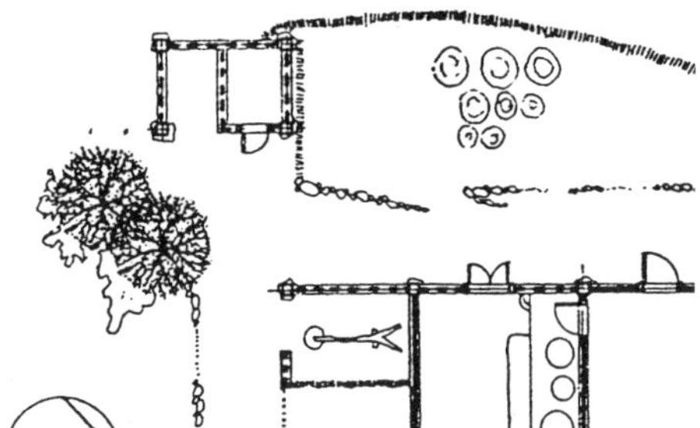

그림 14. 방이 한 줄로 된 살림집(경북 달성 조씨 집)

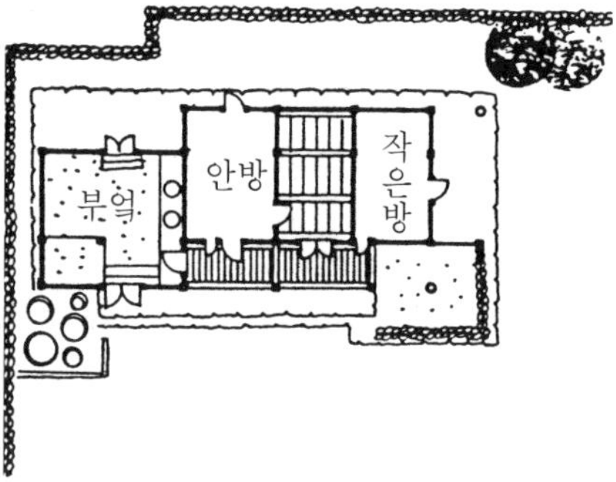

그림 15. 방 앞에 퇴간이 있는 집
(전남 승주 낙안 읍성 내)

사진 95. 서산 이하복 씨 집 사랑 전경

체되었다. 태백산맥 일대의 많은 서민 주택은 온돌방 사이 작업 공간은 흙바닥이었고 마루는 거의 없는 경우가 많았다. 이런 곳들이 점차 마루로 바뀌게 되어 한결 깨끗하고 쾌적한 실내 공간을 만들게 된 것이다.

살림 규모가 영세한 농촌의 서민 주택에 마루가 깔리게 된 것은 그렇게 오래 전 일이라고 보기 어렵다. 마루를 까는 데 쓰는 다듬은 목재는 서민들이 쉽게 손에 넣을 수 있는 자재가 아니었기 때문이다. 호지집이나 가랍집이라고 부르는 노비의 주택은 말할 것도 없고 자영 농민이라고 해도 살림집에 넓은 마루를 까는 것은 조선 중기 이전까지는 쉽지 않았다고 짐작된다. 그러다가 마루가 널리 보급되기 시작하는 것은 농촌의 경제력이 향상되는 17세기 후반 이후라고 생각된다. 이 때 이후로 농촌의 주택들은 규모가 커지고 창호가 개선되며 실내에는 마루를 깐 깨끗한 공간이 마련되어 갔으며 그것은 18세기를 거쳐 19세기에 와서 전면적인 확산으로 이어졌다고 추측된다.

온돌과 마루는 조선시대 주택에서 매우 특별한 의미를 지니는 부분이다. 이 두 부분은 멀리 삼국시대 주택에서부터 조선시대로 이어져 오는 오랜 역사를 가졌다. 그리고 시대가 흐르면서 온돌과 마루는 더 보편화되어 19세기에 와서는 상류 계층의 집이나 서민의 집에 구분 없이 공통적으로 갖추어지게 되었다. 이처럼 상하 신분의 격차를 뛰어넘어 오랜 역사를 이어 온 점에서 온돌과 마루는 한민족의 주거에서 가장 특징적인 것이며 그 특질은 현대의 주거 생활로 이어지고 있다.

참고문헌

여기 수록한 참고문헌은 주로 건축학의 입장에서 발간된 성과들로 한정되어 있다. 우선 조선시대를 포함한 통사를 들고 본문과 관련한 각 장의 관련 문헌을 적었다. 각 장의 문헌은 단행본과 보고서류, 그리고 관련 학위논문을 주로 실었고 개별적인 논문은 본문과 관련된 것에 한정해서 수록하였다. 논문의 자세한 목록은 『한국건축사문헌목록』(도서출판 발언, 1993, 개정 1996)에 있다.

〔통사류〕

尹張燮, 『韓國建築史』, 東明社, 1973(1998년 제3차 개정)

張慶浩, 『韓國의 傳統建築』, 文藝出版社, 1993

대한건축학회편, 『한국건축사』(건축학전서2), 대한건축학회, 1996

尹張燮, 『韓國의 建築』, 서울대학교출판부, 1996

김동욱, 『한국건축의 역사』, 기문당, 1997

서울특별시사편찬위원회, 『서울건축사』, 서울특별시, 1998

제1장

鄭寅國, 『韓國建築樣式論』, 一志社, 1974

申榮勳, 『韓國古建築斷章』 上, 東山文化社, 1977

金東賢, 『韓國古建築斷章』 下, 東山文化社, 1977

金正基, 『韓國木造建築』, 一志社, 1980

金東賢, 『韓國木造建築의 技法』, 도서출판 발언, 1996

金東旭, 『韓國建築工匠史研究』, 技文堂, 1993

『한국의 고건축』(1 - 20권), 문화재관리국, 1979-1998

張起仁, 『窓戶』(韓國建築大系1), 普成文化社, 1980

張起仁, 『벽돌』(韓國建築大系2), 普成文化社, 1982
張起仁, 『丹靑』(韓國建築大系3), 普成文化社, 1982
張起仁, 『木造』(韓國建築大系5), 普成文化社, 1986
張起仁, 『蓋瓦』(韓國建築大系6), 普成文化社, 1986
金慶彪, 「捌相殿의 構造形式에 관한 연구」, 동국대, 1988
李達勳, 「翼工系 包의 發生과 變遷過程硏究」, 충남대, 1989
裵秉宣, 「多包系맞배집에 관한 연구」, 서울대, 1993
金奉健, 「傳統 重層 木造建築에 관한 연구」, 서울대, 1994
金德文, 「朝鮮時代 傳統木造建築의 通柱形 重層體系」, 충북대, 1997
沈大燮, 「仁政殿儀軌에 記錄된 包用語에 관한 연구」, 대한건축학회논문집, 1989. 12
朱南哲, 「翼工에 관한 고찰」, 대한건축학회논문집, 1992. 10
朱南哲 외, 「出目翼工의 起源과 變遷에 관한 연구」, 대한건축학회논문집, 1997. 4
김왕직, 「조선후기 관영건축공사의 건축경제사적 연구」, 명지대, 1998
金東旭, 「朝鮮後期 建築工事에 있어서의 木材供給體制」, 대한건축학회지, 1984. 4
金東旭, 「朝鮮後期 건축공사에 있어서의 工匠道具에 관한 연구」, 대한건축학회논문집, 1990. 4

제2장

張明洙, 『城郭發達과 都市計劃 硏究』, 학연문화사, 1994
서울시정개발연구원, 『동양 도시사 속의 서울』, 1994
서울特別市史編纂委員會, 『서울特別市史』 古蹟編, 1963
서울특별시사편찬위원회, 『서울육백년사』, 1-3권, 1982-1987
『전국읍성조사』, 문화재관리국, 1985
서울특별시교육위원회, 『서울南大門修理報告書』, 1966
『수원성복원정화지』, 경기도, 1980
김동욱, 『18세기 건축사상과 실천- 수원성』, 도서출판 발언, 1996
『竹西樓精密實測調査報告書』, 삼척시, 1998
대한건축사협회편, 『전통건축』 제1권, 관아건축, 대한건축사협회, 1990
이상구, 「조선후기 도시입지형태의 연구」, 서울대, 1993

김동욱 · 이상구, 「조선후기 경기도 지역 도시의 건축 및 도시적 특성」, 『건축역사연구』 18호, 1998. 12
朱南哲, 「官衙建築에 관한 연구」, 대한건축학회지, 1984. 1
朱南哲, 「客舍建築의 연구」, 대한건축학회지, 1986. 6

제3장

文化財管理局, 『宗廟正殿實測調査報告書』, 1989
김동욱, 『종묘와 사직』, 대원사, 1991
김지민, 『한국의 유교건축』, 도서출판 발언, 1996
문화재관리국, 『한국의 향교건축』, 1998
이상해 · 배병우(사진), 『宗廟』, 삼성문화재단, 1998
울산대학교 건축학과, 『경남의 향교』, 울산대학교, 1987
釜山市, 『東來鄕校實測調査報告書』, 1989
嶺南大學校, 『仁同鄕校實測調査報告書』, 1989
李廷國 외, 「朝鮮時代 鄕校建築의 配置와 空間構成에 관한 연구」, 대한건축학회논문집, 1990. 10
文化財管理局, 『羅州鄕校實測調査報告書』, 1991
金知民, 「朝鮮時代 鄕校建築의 建築樣式에 관한 연구」, 대한건축학회논문집, 1986. 6
이왕기, 「한국 유교건축의 敬의 공간에 관한 연구」, 대한건축학회논문집, 1986. 10
金知民, 「鄕校建築의 造營規範에 관한 연구」, 단국대, 1992
김왕직, 「임진왜란 이후 사묘건축 연구」, 한국문화재보존기술진흥협회, 1992

제4장

서울特別市史編纂委員會, 『서울特別市史』 古蹟編, 1963
서울특별시사편찬위원회, 『서울육백년사』, 1-3권 및 문화사적편, 1982-1987
『昌慶宮 發掘 및 復原整備報告書』, 文化財管理局, 1988
『昌慶宮重建報告書』, 文化財管理局, 1990
國立文化財硏究所 편, 『景福宮寢殿地域發掘調査報告書』, 文化財管理局, 1995

『慶熙宮崇政殿 發掘調査報告書』, 서울특별시, 1990
『東闕圖』, 文化財管理局, 1991
金東旭, 『朝鮮後期 宮闕建築의 造營에 관한 연구』, 文化財硏究所, 1990
申榮勳 편, 『宮室 民家』(한국의 미), 중앙일보사, 1985
『한국의 고궁』, 열화당, 1986
장순용, 『창덕궁』, 대원사, 1990
문영빈, 『창경궁』, 대원사, 1990
이강근, 『한국의 궁궐건축』, 대원사, 1991
김순일, 『덕수궁』, 대원사, 1992
이강근, 『경복궁』, 대원사, 1995
金東旭, 「仁祖朝의 昌慶宮 昌德宮 造營」, 『문화재』 19호, 1986. 12
李康根, 「慶熙宮의 歷史」, 경희궁지 제2차 발굴조사보고서, 서울특별시, 1987
金東旭, 「朝鮮時代 昌德宮 熙政堂의 便殿轉用에 대하여」, 『건축역사연구』 5호, 1994. 6
金東旭, 「朝鮮 正祖朝의 昌德宮 建物構成 變化」, 대한건축학회논문집, 1996. 11
노진하 외, 「樂善齋 一廓에 대한 건축사적 고찰」, 『건축역사연구』 8집, 1996. 12
김동욱, 「조선초기 경복궁의 공간구성」, 『건축역사연구』 15집, 1998. 6
金震均 외, 「慶會樓 空間의 視覺的 特性에 관한 연구」, 대한건축학회논문집, 111호, 1998. 11

제5장

『봉화 정자』, 봉화군, 1988
박언곤, 『한국의 정자』, 대원사, 1989
박언곤, 『한국의 누』, 대원사, 1991
朴彦坤, 『亭子實測調査報告書』, 文化財硏究所, 1995
박기용, 『거창의 누정』, 거창문화원, 1998
安啓福, 「樓閣 및 亭子樣式을 통한 韓國傳統庭園의 特性에 관한 연구」, 서울대, 1990
김동욱, 「퇴계의 건축관과 도산서당」, 『건축역사연구』 9호, 1996. 6

제6장
金銀重, 『 韓國의 書院建築』, 文運堂, 1994
이상해, 『서원』, 열화당, 1998
김봉렬, 『서원건축』, 대원사, 1999
『京畿道 鄕校書院 建築調査報告書』, 경기도, 서울대, 1987
새한건축문화연구소, 『道東書院實測調査報告書』, 문화재관리국, 1989
嶺南大學校民族文化硏究所 편, 『陶山書院實測調査報告書』, 경상북도 안동군, 1991
『華陽書院址精密地表調査報告書』, 괴산군, 청주대학교, 1997
金知民, 「全南地方의 書院 祠宇에 관한 연구」, 대한건축학회논문집, 1991. 4
金銀重, 「조선시대 私學建築에 관한 연구」, 고려대, 1992
조상순 외, 「필암서원의 건축 변천과정에 관한 연구」, 『건축역사연구』 15호, 1998. 6
鄭麒澈, 「17世紀 士林의 廟寢制 認識과 書院 營建」, 서울대, 1999

제7장
『通道寺伽藍配置 實測調査報告書』, 울산대, 1980
『康津無爲寺極樂殿修理報告書』, 문화재관리국, 1984
安瑛培, 「韓國佛寺의 建築空間에 관한연구」, 연세대, 1984
『完州花巖寺實測調査報告書』, 문화재관리국, 1985
『金山寺 實測調査報告書』, 문화재관리국, 1985
『銀海寺 百興庵實測調査報告書』, 경상북도 영천군, 1988
『圓覺寺址10層石塔實測調査報告書』, 문화재관리국, 1995
『通道寺 大雄殿 및 舍利塔實測調査報告書』, 통도사, 1997
『祈林寺大寂光殿解體實測調査報告書』, 경주시, 1997
국립문화재연구소, 『法住寺 捌相殿 修理工事報告書』, 문화재관리국, 1998
김성우 외, 『송광사』, 대원사, 1994
김동현 외, 『통도사』, 대원사, 1996
서치상 외, 『범어사』, 대원사, 1996
김봉건 외, 『마곡사』, 대원사,1998

金奉烈, 「朝鮮時代 寺刹建築의 殿閣構成과 配置形式 연구」, 서울대, 1989
洪大炯, 「開岩寺 大雄寶殿 建築形式에 관한 연구」, 서울대, 1990
李康根, 「17世紀 佛殿의 莊嚴에 관한 연구」, 동국대, 1994
尹張燮 외, 「高廠 識堂寺에 관하여」, 대한건축학회지, 1977. 9
李康根, 「佛國寺의 佛殿과 18世紀 後半의 再建築」, 신라문화제 학술발표논문집, 18집, 1997
文永彬, 「壬辰倭亂 以後의 寺刹建築에 관한 연구」, 문화재보존기술협회 총서2, 1992
김홍식, 「구례 화엄사 가람배치의 미학사적 연구(시론)」, 무애이광로교수 정년퇴임기념건축학논총, 1993

제8장

申榮勳, 『韓屋과 그 歷史』, 東山文化社, 1975
朱南哲, 『韓國住宅建築』, 一志社, 1980
申榮勳, 『한국의 살림집』, 說話堂, 1983
姜榮煥, 『한국주거문화의 역사』, 技文堂, 1991
洪亨沃, 『韓國住居史』, 民音社, 1992
『문화재대관』(중요민속자료편), 문화재관리국, 1985
『良洞마을조사보고서』, 경상북도, 1979
『河回마을조사보고서』, 경상북도, 1979
한국건축문화연구소, 『樂安邑城 民俗마을 現況調査』, 명지대, 1985
『맹씨행단 건물유적지발굴조사보고서』, 아산시, 1998
『전국민속자료종합보고』, 문화재관리국, 1982-1990
金鴻植, 『韓國의 民家』, 한길사, 1992
주남철, 『한국의 전통민가』, 아르케, 1999
朱南哲, 「朝鮮時代 住宅建築의 空間構成에 관한 연구」, 서울대, 1977
崔壹, 「朝鮮中期 以後 南部地方 中上流 住居에 관한 연구」, 서울대, 1988
朴明德, 「嶺南地方 同族마을의 分派形態와 建築特性에 관한 연구」, 홍익대, 1991
李鎬冽, 「朝鮮前期 住宅史硏究」, 영남대, 1991

洪升在, 「朝鮮時代 上流住宅의 禮制的 體系에 관한 연구」, 홍익대, 1992
韓弼元, 「農村 同族마을 空間構造의 特性과 變化 硏究」, 서울대, 1992
崔相憲, 「朝鮮上流住宅 內部空間과 人體치수와의 相關性에 관한 연구」, 서울대, 1992
田鳳熙, 「朝鮮時代 氏族마을의 內在的 秩序와 建築的 特性에 관한 연구」, 서울대, 1992
金基柱, 「朝鮮時代 中期 以後 班家의 空間 使用과 平面形式에 미친 家禮의 영향」, 연세대, 1994
김일진, 「까치구멍집에 대한 고찰」, 대한건축학회지, 1977. 9
曺成基, 「한국민가연구서설」, 대한건축학회지, 1980. 3
曺成基, 「韓國民家에 있어서 北部型과 濟州道型의 比較」, 대한건축학회지, 1983. 5
조성기, 「한국민가에 있어서 북부형과 제주도형의 비교」, 대한건축학회지, 1983. 5
조성기, 「한국남부지방 민가에 관한 연구」, 영남대, 1985
徐京泰, 「三陟地方의 民家에 關한 硏究」, 대한건축학회논문집, 1987. 12
강영환, 「삼척지방 동해안지역 전통민가에 관한 연구」, 서울대, 1989
김명복, 「강원도 남부와 경북 북부지역의 겹집에 관한 연구」, 영남대, 1992
金知民, 「19세기 한국南西海 島嶼地域 民家의 유형적 체계」, 『건축역사연구』 1호, 1992. 6
林相奎, 「太白山間地域 民家의 形成과 空間構成에 관한 연구」, 국민대, 1995
金石倫, 「19世紀 濟州道 民家의 變容과 建築的 特性에 관한 연구」, 명지대, 1996
김성우 외, 「六間八尺(육간팔자)型 民家의 性格과 空間 擴張 形式」, 대한건축학회논문집, 1996. 9
田鳳熙, 「朝鮮後期 住宅史에 있어서 겹집화 現象에 관한 연구」, 대한건축학회논문집, 1996. 10

찾아보기

김동욱(金東旭)

고려대학교 건축공학과 졸업
일본 와세다대학 대학원 건축학과 수료(공학박사)
현재: 경기대학교 명예교수
저서: 『한국건축공장사연구』『개정 한국건축의 역사』
『도산서당 선비들의 이상향을 짓다』 외

한국의 탐구 8

조선시대 건축의 이해

초판 1쇄 발행 1999년 11월 25일
초판 6쇄 발행 2020년 6월 10일

지은이 김동욱
펴낸이 오세정
펴낸곳 서울대학교출판문화원

출판등록 제15-3호

주소 08826 서울 관악구 관악로 1
대표전화 02-880-5252 | 팩스 02-889-0785
도서주문 02-889-4424, 02-880-7995
이메일 snubook@snu.ac.kr
홈페이지 www.snupress.com

ISBN 978-89-521-1529-4 94540

ⓒ 김동욱 · 1999

지은이와의 협의하에 인지는 생략합니다. 잘못된 책은 바꾸어 드립니다.
이 책의 무단 전재나 복제 행위는 저작권법에 따라 처벌받게 됩니다.